海外游 · 建筑学人笔记

丛书主编 裴 钊

白银之河

RIO DE LA PLATA

拉普拉塔河流域现代建筑

MODERN ARCHITECTURE IN THE RIO DE LA PLATA BASIN

裴 钊 PEI Zhao 著

同济大学出版社·上海

TONGJI UNIVERSITY PRESS·SHANGHAI

建筑旅行的意义

在当代旅游产业将旅行演变成为一种流行商品被大众广泛消费之前，以及之外，旅行，作为一种学习方式和人的一种成长方式，从古至今，都在不断产生着各具特色、引人思考的案例。

对于此类作为学习与成长的旅行，我认为大致可划分为两个层面：一个是所谓的"理论与实践相结合"，即"读万卷书，行万里路"，强调通过人的身体在万里路上对人、事、景展开直接一手的体验，将万卷书中所蕴含的间接二手知识进行印证与修订；另一个是所谓的"实践出真知"，即采用类似"壮游"（Grand Tour）这一起源于文艺复兴、盛行于18世纪英国的旅行方式，青年人在导师或自我引导下，将旅行转化成为全方位、沉浸式的学习与成长体验，发展到今天，业已成为一部分年轻人的成人仪式——踏入职场前进行的"间隔年"（Gap Year）旅行。

由于建筑物理实体空间所独具的实地体验需求，"纸上得来终觉浅"这句话，可说是形象地揭示出实地旅行对建筑学学习与研究的充分必要性。现代建筑教育的前身，19世纪的巴黎美术学院就设有罗马大奖（Prix de Rome），赞助获奖学子在意大利亲历真迹，边游边学。法籍瑞裔建筑大师柯布西耶在24岁探寻未来方向之时，用了5个多月的时间，游历波希米亚、塞尔维亚、罗马尼亚、保加利亚、土耳其和希腊，进行了一次他视野中的"东方之旅"，奠定了延续其一生的某些建筑观念。美国建筑大师路易·康于49岁壮年之际，在意大利、希腊、埃及具有纪念性的古建筑"废墟"（Ruins）中，得到醍醐灌顶般的领悟，引发"中年变法"，重塑其已日臻成熟的建筑认知。美国理论家彼得·埃森曼攻读博士期间，在英国理论家、教育家柯林·罗的带领下，遍览荷兰、德国、瑞士、意大利等国的著名历史建筑，找到了建构自我理论的关键参照点……这些西方建筑师与理论家，沿着建筑文化的脉络一路行来，都曾在"理论与实践相结合"与"实践出真知"两个层面上，追根溯源，寻找新机。

然而，在国内建筑学界，追溯中国自身建筑文化脉络的旅行，长期以来大多困囿在"理论与实践相结合"的印证层面，"实践出真知"层面的建筑旅行，则主要仰赖于一个关键词——"海外"。之所以如此，是因为中国现代建筑学学科的起源、建制、发展，与西方有着密不可分的血脉关联。这也是近代以来，非西方国家向西方发达国家持续学习的一个基本姿态——想要创新，就要面向海外，就要追求国际化。20 世纪 70 年代引领非西方国家率先西化的日本年轻人，就曾热衷于坐欧亚列车转道符拉迪沃斯托克（海参崴，Vladivostok）穿越西伯利亚，再到巴黎，凭借身体向西方的移动，实现想象中的"国际化"。

"海外游·建筑学人笔记"这套丛书我还没有读完，但对这些作者，即在中国富强背景下，与前辈相比，能够更加放松、更加自由地穿梭于海内外学习、工作和生活的建筑青年们，多少还是有些了解的。我有理由相信，除了有与前辈相类似的"美术写生式"旅行，也一定还有更加丰富、深刻的旅行体验方式。应该会有作者，用到西方补课的视角，尽量完善、体系化地进行全方位的旅行；应该会有作者，从"自我"与"他者"对话的角度，结合国内业界特有的问题，有针对性、侧重性地去旅行；应该会有作者，结合自身成长，凭借"个体化"的视角，将城市、建筑作为人文环境进行浸润式的旅行；应该会有作者，试图突破历史终结语境下的中西二元视角，进入更加多元化的文化脉络中展开多维度的旅行。

所以，这套丛书一定会包含他者与主流、地域与国际化、仰视与平视、二元主体与多元主体、个体与群体等一系列丰富繁杂的议题交织。我同样有理由相信，在新时代，在新一代建筑学人的海外游中，面对上述纠缠着历史、现实、文化自信、文化贡献的众多议题，他们一定会更多平视，更加多维，更深反观，既不会自卑地以为"国外的月亮才是圆的"，也不会自大地偏执于"只有我们自己的才是最好的"。他们一定会有反思基础上的主体自觉，一定会有超越单向补课的创意新解，一定会有突破中西二元论的"多边并置"。然而，他们一定还来不及深究下面这个重要话题——面对网络时代里遭遇百年未遇疫情的当下，全球刚刚开始的开放流动重新在物理与虚拟两个层面陷入某种程度的"隔离"，我们该如何定义海外与海内？我们该铸造怎样的基于实体与虚拟交流的旅行、学习与成长？

文至结尾，想起一个颇可玩味的小故事。话说 20 世纪 90 年代末，一位美国著名建筑史论家造访上海，接待单位为其安排参观苏州园林。陪同的学者原以为这位见多识广、博览群书的国际大家应该早已知晓园林，此行只是礼节性地走上一走，哪知一进园子还没逛上两步，建筑史论家就急匆匆要出园。问其原因，答曰：因为过去几乎不知道园林，所以没有任何准备，现在急着要到园子外去买相机和胶卷，打算好好拍拍这个超出自己"固有视野"的"特殊空间类型"……

范文兵

上海交通大学设计学院建筑学系教授／博导
思作设计工作室主持建筑师

序　言

2015 年，我从北京出发，经阿姆斯特丹中转，在近 40 个小时的飞行后，到达了布宜诺斯艾利斯机场上空，但因为天气原因，飞机在天上盘旋了几圈后，掉头降落在了乌拉圭的蒙得维的亚机场，在机舱里等待一个小时后，飞机才又飞回布宜诺斯艾利斯。当时，我认为这只是未来一年布市生活中一个无足轻重的小插曲。

世界上没有两条河流是一样的，每条河流所孕育的城市和人的性格也千差万别。拉普拉塔河 (Río de la Plata) 是一条奇怪的河流——长 290 公里，河流起始处宽 2 公里，但结束处却宽达 220 公里。因此很多人认为它是海洋的一部分，是一个海湾，或大西洋的一部分。

16 世纪初，欧洲殖民探险家认为南美洲内陆有一座拉普拉塔山（白银之山），故而将这条通向南美洲大陆内部的河流命名为拉普拉塔河（白银之河）。而今，在这条河的两岸分别坐落着阿根廷的首都布宜诺斯艾利斯和乌拉圭的首都蒙得维的亚。

殖民地时期，西班牙王国在拉丁美洲的殖民地分为四个总督区：新西班牙、利马、新格拉纳达和拉普拉塔。拉普拉塔总督区最晚建立，但却发展最快，尤其是在 19 世纪末至 20 世纪初。此时的拉普拉塔河流域，在政治文化方面开明而包容，吸引了大量欧洲知识分子和熟练技工移民，他们不仅促进了该地区的经济发展，也带来了在欧洲受压抑的进步文化理念，这两个条件使得拉普拉塔区域与当时的发达世界同步前行。19 世纪末，爆炸性的出口经济增长更使得这片区域成为南美洲人口密度最高、文化和经济最发达的地区之一。

拉普拉塔河两岸的两个首都城市的建筑都带有独特而混杂的折衷气息，但却又各具特色。漫步在今日布宜诺斯艾利斯和蒙得维的亚的街头，可以深刻地感受到二者的差异。气势壮观的布宜诺斯艾利斯被称作"南美巴黎"或"西半球巴黎"，城市中心区雄伟奢华的法国第二帝国风格建筑常常令人怀疑自己是否走在巴黎的街头。而蒙得维的亚更像一个舒适怡人的欧洲外省城市，随处可见盛行于 20 世纪初欧洲知识阶层中的装饰艺术风格建筑，因此也被称为"装饰艺术（Art Deco）之都"。即使街边的一栋小建筑也充满耐人寻味的细节，呈现出克制而精致的城市气质。

20 世纪的上半叶见证了这个地区现代主义建筑和其他各种建筑风格之间的碰撞和融合。在迈进现代的过程中，相较于其他拉丁美洲国家或地区而言，拉普拉塔河流域对于传统的态度要平和包容很多。在这里，殖民风格建筑、古典建筑和激进的现代建筑不可思议地被并置在一起，却构成了和谐的城市景观。或许，对于海洋一样的拉普拉塔河，没有什么是不可以被包容的。

乌拉圭虽近在阿根廷咫尺，但在 2016 年之前，中国人仍需签证才能从阿根廷入境乌拉圭。递交材料后许久都没有结果，临近归国时，我便直接去了大使馆，在一位好心女士的指引下拦住大使，告诉他我从地球那边来，这可能是我一生中访问乌拉圭的唯一机会，而我必须要去看一位乌拉圭建筑大师的作品，略显惊讶的大使留下了我的资料。一周后，我拿到了一份手写的签证。一个月后，我在乌拉圭游历完，订了一等舱的回程船票，坐在船头 360°环绕大窗前，希望体会 1929 年柯布西耶乘船从蒙得维的亚进入布宜诺斯艾利斯的感觉。在临近布市港口的一刹那，我突然想到一年前乘飞机意外暂停蒙得维的亚机场之事，现在想来，那更像是来自上苍的一个提醒：认识一条河流，需要了解它的两岸。

本书主要介绍拉普拉塔河流两岸的两个中心城市——阿根廷首都布宜诺斯艾利斯和乌拉圭首都蒙得维的亚，以及周边城市中的重要现代建筑，并补充相关的背景。关于本书，需要指出，首先，这不是一本拉普拉塔河流域（或阿根廷和乌拉圭）的建筑全索引，而是主要介绍该地区的现代建筑，对于其他时期的建筑，只附带提及，而且该地区优秀的现代建筑也远不止本书所提及的项目；其次，对于本书提及的项目，读者需要注意有些项目不对外开放，只能特别预约参观；再次，大多拉丁美洲城市历史中心区周末早上不营业，存在不安全隐患，请务必午后参观；最后，本书中项目的时间标注有两种：委托时间—建成时间，或建成时间。

裴　钊

2023 年 4 月

目　录

南美洲
SOUTH AMERICA

拉普拉塔河 RÍO DE LA PLATA

乌拉圭 URUGUAY

阿根廷 ARGENTINA

审图编号 GS（2020）4394 号

阿根廷
ARGENTINA

拉普拉塔河 RÍO DE LA PLATA

1 布宜诺斯艾利斯　BUENOS AIRES

2 拉普拉塔　LA PLATA

3 马德普拉塔　MAR DEL PLATA

4 罗萨里奥　ROSARIO

BA

布宜诺斯艾利斯
Buenos Aires

历史上有很多伟大的城市，但只有布宜诺斯艾利斯（下文简称布市）被称为宇宙中心。阿根廷伟大的文学家豪尔赫·路易斯·博尔赫斯在《阿莱夫》（*Aleph*）一书中写道，布市一条普通街道上一座普通房子的地下室里有一个包含一切空间的空间，所有不同的空间可以在一个瞬间被同时看到，这些空间在一个点上得以展现。

"我看到了浩瀚的海洋、天空和黄昏，看到了美洲的人群，看到了在一座黑色金字塔中心处一张银色闪闪的蜘蛛网，看到了一个残破的迷宫……看到了世间所有的镜子，但没有一面能照映出我。"

无论外人是否相信这个文学中时空统一体的真实性，被称为"港口人"（Porteño）的布市人都对此毫不质疑。"港口人"的称呼含有一定的贬义：傲慢自大，无论在什么场合，永远赞美自己的城市，一丝不苟地穿戴，以便为自己的城市赢得地球上最好的声誉。但是什么让"港口人"如此热爱自己的城市呢？

布市的建城史充满了挫折和坎坷。哥伦布发现美洲大陆之后不久，欧洲殖民者胡安·迪亚斯·德·索利斯于 1512 年第一个到达现今的拉普拉塔河区域，1516 年，他再次来到这里，沿河而上时，遭遇当地印第安人的袭击而亡。1536 年，佩德罗·德·门多萨带领的西班牙探险队在今日布市中心区南边首次建立了临时定居点，并以"顺风圣母玛利亚"（Real de Nuestra Señora Santa María del Buen Ayre）命名，这也是布宜诺斯艾利斯城市名字的由来。但由于缺少食物和受到周边印第安人攻击，这个定居点很快陷入困境，门多萨也因病死在返回西班牙求援的路上。1541 年，这个定居点被废弃。1580 年，另外一位西班牙探险家胡安·德·加雷在距离第一个居住点 2 公里处第二次建城，加雷严格遵守西班牙国王腓力二世于 1573 年颁布的《新印度法》（Leyes de las Indias），使用棋盘式格网修建了一个正规的西班牙殖民城市，即后来的布市中心区，今天的城市基本延续了当时的格局。因此，加雷也被认为是布市的奠基者，1583 年，他死于当地印第安人的伏击。

　　最初，西班牙殖民者在此建城是为设立一个桥头堡，以寻找传说中的白银，拉普拉塔河这个名字最好地说明了这一切。伴随着寻找白银希望的破灭，西班牙君主对这一地区逐渐失去了兴趣。此后的 200 多年里，西班牙几乎没有任何投入，这里的殖民点一直处于生存线的边缘，贫穷落后，发展缓慢，不断遭受周边印第安人的攻击。布市与其他一些城镇仅作为今天玻利维亚境内的波多西银矿运输线上的补给站，为波多西提供生活必需品和运输牲口。在 19 世纪中叶之前，铁路尚未建成，从波多西到布市，依靠骡马和步行需要两个月。对于当时的欧洲人而言，布市无疑是"世界的边缘"。

　　这种情况直到 18 世纪 70 年代才有所改变。当时葡萄牙人从巴西南部向拉普拉塔河流域扩张，并与布市隔河相望建立了萨克拉门托殖民点，此时西班牙国王卡洛斯三世才意识到布市在地缘政治方面的战略意义；同时，波多西银矿的逐渐枯竭，使得西班牙美洲殖民地的经济结构发生了重大的

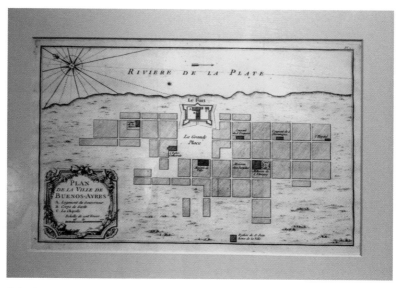

布市最初的城市形态（约 16 世纪初）

改变，而布市作为南美洲南部重要商业集散地的潜力得以充分展示出来。1776 年，卡洛斯三世在此设置了西班牙美洲殖民地的第四个总督府——拉普拉塔总督府。

　　此前，西班牙强行规定欧洲所有的贸易货物必须经过秘鲁利马，这样导致了走私盛行，直到第一任拉普拉塔总督决定将波多西的白银经由布市运往西班牙，而不再经过利马后，布市逐渐繁荣。随着总督府的建立，城市里陆续修建了一些公共建筑和文化设施，公园、林荫大道和海滨散步道为居民提供了休闲和交流的地方，一改之前低矮的土坯城市形象。

　　1800 年，布市的人口达到了 4.5 万人，成为南美最大的城市之一，但城市景观却十分乏味和沉闷。1826 年，贝纳迪诺·里瓦达维亚担任拉普拉塔联合省的总统，他也被认为是阿根廷的第一任总统，他启动了布市的改造计划，希望建立一座文化昌盛和思想高贵的欧式城市，以摆脱原有的西班牙殖民风格。1827 年，他颁布法律改造城市棋盘式格局，打破单调

1750 年布市的城市形态

乏味的城市布局。但这些计划需要投入大量的财富和精力，只有等到半个世纪后，布市经济的崛起才使得里瓦达维亚建立"永恒之城"的梦想得以实现。

1876 年的圣诞节，一个历史的偶然事件成为阿根廷及布市发生巨变的开端：一艘满载着 20 吨冻肉和蔬菜的从法国驶来的轮船驶入布市港口后，经过检测，这些冷冻的食物仍然可以食用。这种采用冷冻技术的远洋货轮使得阿根廷的经济结构和进出口贸易发生了巨大的改变。这之前百年来，阿根廷一直以畜牧业为主，生产肉类，但由于储藏条件限制，只有牛皮、牛油和腌肉可以出口，而冷冻技术使得新鲜牛肉可以出口到欧洲，其经济价值大增。其后的短短 20 年时间里，350 万移民从世界各地涌入布市，阿根廷在 19 世纪与 20 世纪之交也成为全球的八大经济强国之一，这一时期（1880—1920）被称为阿根廷的"镀金时代"。大量的税收收入保证了政府能够重新规划和建设布市，满足新贵阶层对于欧洲时尚和上流社会的想象；此外，大量涌入的欧洲移民带来了先进的技术和文化，二者一起彻底改变了这个城市的精神和文化。

城市巨变的背后，有一位重要的人物托尔夸托·德·阿尔韦亚尔，他几乎凭借一己之力，将一个平淡无趣的大乡村改造成了今日的"南美巴黎"，他对于布市的贡献相当于奥斯曼男爵之于巴黎，或者罗伯特·摩西之于纽约。1883 年，阿尔韦亚尔就职布市市长，开始大刀阔斧地改造布市。他拓宽了城市主要街道，修建广场，奠定了今日布市的主要架构。原有的五月广场（Plaza de Mayo）前的五月大道（Avenida de Mayo）延伸至 2 公里外的巴勒莫区，并仿照美国国会大厦修建了一座规模巨大的阿根廷国会大厦（Congreso de la Nación Argentina），还修建了一条垂直于五月大道的七月九日大道（Avenida 9 de Julio），这被认为是世界上最宽的道路之一，并在七月九日大道的拉瓦勒广场修建了最高法院大厦。此外，阿尔韦亚尔在全城遍植树木，铺设路面，改善照明，修建了大量的公园，并重金聘请欧洲建筑师设计文化建筑。这个改造工程极为浩大，直到他死后数十年，项目才逐渐被完成。

几乎与阿尔韦亚尔改造同时，布市新贵阶层开始追逐欧洲上流社会的奢华，这种生活方式上的改变驱动了城市商业和服务业建筑的改变。这一时期的建筑主要追随法国巴黎美院体系，掺杂着意大利文艺复兴风格、英国维多利亚风格、西班牙殖民风格和哥特风格，还有新艺术风格等。对于权贵阶层，古典建筑中的真实意义并不重要，重要的是那些繁杂的装饰、气派的廊道，以及壮观的外形，可以完美地展现他们的身份和财富。

布市最初的仿效目标就是欧洲城市。经过百年的努力，阿根廷人最终在西半球打造出一座纯正的欧式城市。1925 年，来此访问的爱因斯坦不禁问道："他们如何凭空造出这么像巴黎的地方？"19 世纪末，世界上有很多城市效仿奥斯曼的巴黎规划，但没有几个像布市一样如此成功。今日，行走在城市中心区的游客很难说出布市最像哪一座欧洲城市，因为在这里既可以感受到巴黎的气质，又可以感受到马德里和米兰的韵味，但毋庸置疑的是人们会感受到一种浓郁的欧洲气息，或者说是古典艺术中对无限和永恒的渴望。

19 世纪末至 20 世纪初，出口经济的爆炸式增长使布市成为拉丁美洲大都会中心，这种变化是新建筑出现的根本驱动力。尽管存在着强大的巴黎美院体系和保守文化势力，但新兴社会力量偏爱布市现代建筑和摩天楼，受意大利和法国建筑影响的本地建筑师通过重新诠释古典建筑，创造出了本地区独特的早期现代建筑。

1929 年，建筑大师柯布西耶首次访问南美，在某种程度上，这标志着现代主义建筑降临拉丁美洲大陆。第二次世界大战期间，大量欧洲移民建筑师、知识分子和技术人员的到来进一步推动了布市现代建筑的发展。二战结束时，借由现代建筑师和理论家的宣传，现代建筑已经进入城市和大众生活之中。总体而言，阿根廷最初的现代建筑呈现出某种温和的混合状态，这里的建筑师似乎没有将现代和古典视为不可调和的对立面，只是两种不同的风格而已，而阿根廷官方建筑品位也在折衷主义和现代主义之间摇摆不定。但幸运的是，阿根廷政府在20世纪50年代制定了一系列的行业规范，通过竞赛来决定项目的委任。对于年轻建筑师而言，这意味着自由和机遇，他们可以在阿根廷战后高压文化政策下进行创造性的尝试。

1960年到1980年之间，阿根廷政局动荡，军政府的独裁统治压制了布市的文化生活，但政府对大型公共和文化建筑项目的资助并未停止，同时由于高速城市化，对社会住宅的大量需求也为布市建筑师提供了实践的机会。此时，通过海外的留学生和专业杂志，国际建筑师的最新作品和思想被引入阿根廷，布市出现了一批将景观、自然和技术融合的简洁而理性的项目，但这一时期的建筑设计总体上呈现出一种在激进和怀旧之间、技术和文化之间游移不定的状态。

1980年以后，阿根廷恢复民选制度后，新的民选政府拥抱了新自由主义，国际资本的注入使布市在短时间内出现了大量金融和办公建筑，布市的郊区也迅速扩张，不过以今日的眼光来看，这些建筑中佳作不多。在20世纪最后20年里，布市所面对的真正问题是政治和经济的反复震荡，在高通货膨胀率下，政府主导下的大型公共建筑基本不可能实现，私人住宅也因为无法从银行获得贷款而大量减少。这种情况直到2000年之后才有所改善。

2003年，阿根廷左翼政党正义党人内斯托尔·卡洛斯·基什内尔当选总统，放弃新自由主义的市场放任政策，采取适度的国家干预，阿根廷的社会和经济才逐渐趋向稳定，布市也得到了某种程度的复苏，一些中止的城市更新和新项目重新启动。然而，这种稳定并未维持很久。阿根廷政治和经济沉疴过深，很多问题只能暂时被缓解，而不可能被根除。2010年，总统基什内尔死后，阿根廷政治和经济又陷入怪圈，情况开始不断恶化，而2020年全球疫情的大暴发则更是雪上加霜。长期的社会和经济问题使得布市处于停滞甚至衰退的状态，高通货膨胀率、脆弱的国家工业体系，以及面临崩溃的银行系统使得城市和建筑的发展根本无从谈起。

1892年布市城市范围

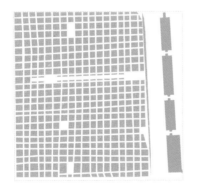

1892年布市中心区

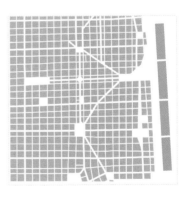

1902年布市中心区

布市分区图

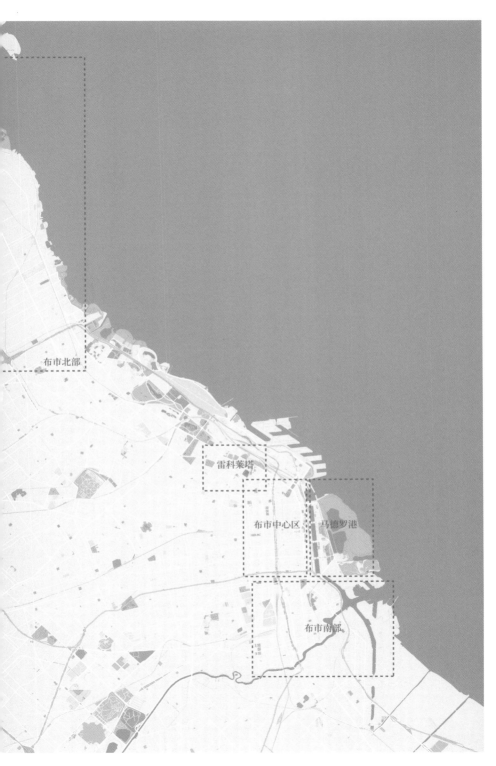

布市北部

雷科莱塔

布市中心区　马德罗港

布市南部

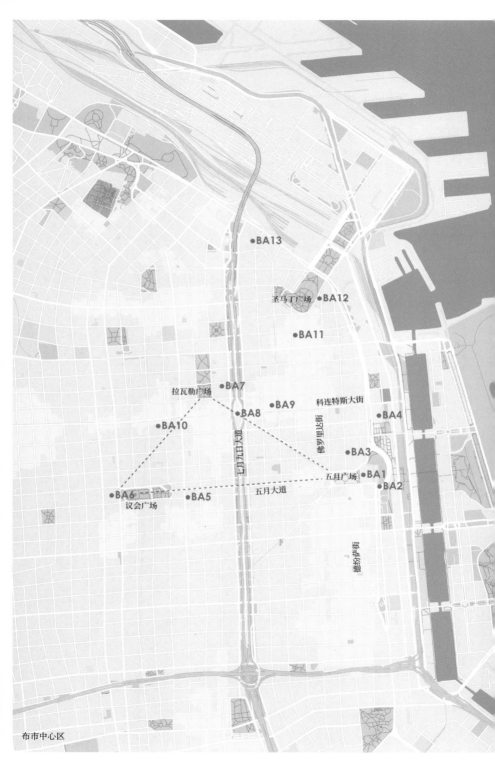

BA13

圣马丁广场 BA12

BA11

拉瓦勒广场 BA7

BA8 BA9 科连特斯大街 BA4

BA10 BA3

BA1

五月广场 BA2

BA6 BA5 五月大道

议会广场

七月九日大道

佛罗里达街

缤纷萨街

布市中心区

布市中心区

我曾在布市中心区住过半年，每天穿行其中，完全渗入城市之中，像大多数人一样，很少刻意去了解自己生活其中的这片城市区域，而是依靠日复一日的生活，在大脑中将城市的记忆碎片拼凑出一幅意象地图。在一片几乎匀质的网格城市肌理之上，南北向的宽阔的七月九日大道与东西向的五月大道垂直相交，分别位于五月大道两端的是总统府和国会大厦，与七月九日大道一侧的最高法院构成一个三角形，象征着阿根廷国家政体的三权分立。在七月九日大道的西侧是 19 世纪之前的布市老城区和滨水区，东侧则是 19 世纪后发展起来的区域。

总统府—五月广场

无论从历史，还是从城市空间形态来看，五月广场都是布市的绝对中心，城市中最重要的几条大街和轴线汇聚之处正是五月广场所在。从布市建城那一刻，这个广场就作为城市的中心而存在，见证了布市几个世纪的发展，以及阿根廷历史上几乎所有重要的公共事件，乃至国家创伤。

五月广场的东面是阿根廷联邦政府所在地玫瑰宫（Casa Rosada）**BA1**，这是世界上历史最悠久的总统府之一。玫瑰宫的名字源于建筑外立面石材的色彩，一种介于粉红和暗红色之间的颜色。建筑由两栋早期的建筑改建而成，两栋建筑由同一家建筑事务所的两位瑞典建筑师亨利克·艾伯格和卡尔·奥古斯特·基尔伯格分别设计，体量和装饰几乎完全相同。1886 年，阿根廷联邦政府觉得这两栋建筑不够宏伟，因此聘请建筑师胡安·安东尼奥·布斯基亚佐进行改造。布斯基亚佐拆除了两栋建筑的侧翼，通过增建一座凯旋门，将两栋建筑巧妙地连为一体。

在殖民地时期，玫瑰宫所在的位置是圆形的泰勒海关，是外来者进入

玫瑰宫与五月广场

布市的第一道大门。现在玫瑰宫的背后有一个布市建城二百年纪念博物馆（Bicentenary Museum）**BA2**，也被称为泰勒海关遗址博物馆，由阿根廷的 B4FS 建筑师事务所设计。这个位于地下的遗址博物馆被一个巨型的曲面玻璃屋顶覆盖，在保护考古遗址的同时，也为下部展览空间提供天然采光。博物馆中陈列着诸多布市建城原始档案和资料，是了解布市历史的一个好去处。另外值得一提的是，在博物馆中庭后部有一个密闭的房间，其中存放着墨西哥壁画三杰之一大卫·阿尔法罗·西凯罗斯于 1933 年绘制的一幅壁画。

五月广场的西北角坐落着布市主教堂（Catedral Metropolitana de Buenos Aires），教堂始建于 1770 年。1822 年，阿根廷裔的法国建筑师普洛斯珀·卡特兰模仿巴黎的波旁宫，为教堂添加了一个新古典主义风格的立面。这也是布市第一座与西班牙殖民风格完全不同的欧式建筑，入口处 12 根巨大的柯林斯柱子支撑起匀称的三角山墙，朴素而庄重。在这座教堂的附属小礼拜堂里，存放着拉丁美洲民族独立英雄何塞·德·圣马丁将军的灵柩。

上：布市建城二百年纪念博物馆鸟瞰；中：博物馆室内全景；下：博物馆剖面

上：布市主教堂；下：五月革命和国家议会历史博物馆

　　位于五月广场中间的五月方尖碑（Pirámide de Mayo）建于 1811 年，以纪念 1810 年的五月革命。方尖碑由布市建筑师普莱里亚诺·普埃雷东设计，高 12 米，通体是洁白的大理石，顶部矗立着一尊自由女神像，这原本是老科隆剧院立面上的一个装饰雕像，后迁移至此。老科隆剧院原位于五月广场的东南角，现已拆除，现是阿根廷国家银行总部（Banco de la Nación Argentina）所在地。围绕着五月广场还保留着一些早期城市建筑，其中殖民风格的老议政厅现在是五月革命和国家议会历史博物馆（Museo Histórico Nacional del Cabildo y la Revolución de Mayo）。

伦敦和南美洲银行

广场北侧街区则改造成了城市金融区，汇聚着布市几乎所有的银行总部。在这些奢华的古典建筑之中，有一栋重要的拉丁美洲现代建筑伦敦和南美洲银行（Banco de Londres y América del Sur，1960—1966）**BA3**，由阿根廷建筑师克洛林多·特斯塔[1]和 SEPRA 建筑事务所[2]合作设计。这个建筑被认为是阿根廷 20 世纪最杰出的建筑，其创造性、技术性和艺术性达到了 20 世纪拉丁美洲建筑的最高点。

---

1 克洛林多·特斯塔（Clorindo Testa，1923—2013），阿根廷重要的现代建筑师之一。1923 年出生于意大利，随家人移居阿根廷后，入拉普拉塔大学就读工程学，并于 1947 年毕业于布宜诺斯艾利斯大学建筑学院。毕业后在霍尔赫·费拉里·阿尔多伊、胡安·库尔昌和安东尼奥·博内特的带领下工作，这三人都曾在柯布的巴黎事务所工作过，特斯塔间接受到柯布很大的影响。另外需要强调的是，特斯塔还是一位优秀的画家，画作的特点是空间的透明性，通过大量使用线条来表达其艺术观念，这些想法在他的建筑作品中有所体现。
2 SEPRA 建筑事务所成立于 1936 年，主持建筑师是圣地亚哥·桑切斯·埃利亚、费德里科·佩拉尔塔·拉莫斯和阿尔弗雷多·阿戈斯蒂尼，而克洛林多·特斯塔是这个联合体团队中最年轻，也是最核心的成员。SEPRA 是一个成功的商业公司，专业性强，技术严谨可靠。

银行前身是伦敦和拉普拉塔河银行（Banco de Londres y el Río de La Plata），于 1862 年在布市成立。1867 年，在现址上修建了银行总部，于 1961 年被拆除。1959 年，改名为伦敦和南美洲银行，决定重建总部。项目招标书中这样描述未来的总部："伦敦和南美洲银行是世界领先的国际银行之一……新建筑不应采用历史风格，也不应使用当下常见的陈腐形式，这反而会让人觉得过时……建筑和结构设计都应允许最大限度地分配空间设施……应非常仔细地考虑未来的维护因素，以便在初始成本和未来可能的费用之间取得适当的平衡。"

1962 年 3 月，在阿根廷访问的英国爱丁堡公爵，即伊丽莎白二世的丈夫菲利普亲王，亲自为这个建筑奠基。在奠基仪式前一天的讲话中，亲王称该银行决心将其在拉丁美洲的投资增加一倍，同时解释了银行改名的原因。事实上，银行新总部的建造是二战后英国外交政策的某种象征，包含着某种期望，即与这个遥远的南美共和国重建二战期间被中断的商业和文化联系。对于阿根廷而言，1958 年产生的新一届政府在"发展主义"

伦敦和南美洲银行立面支柱

理念指导下，正在不惜一切代价实现生产结构性"飞跃"，在石油开采、能源、化工、钢铁和汽车生产等领域急需大量的外部资金，双方需求的汇合催生了这个银行新总部的诞生。

伦敦和南美洲银行总部基地坐落于布市中心的金融区，在这片19世纪正式的新古典主义建筑群中，特斯塔巧妙地在繁忙拥挤的阿根廷街道和银行总部之间进行了调解，以一种既有魅力又有控制力的方式与城市结构相得益彰。建筑外部体型巨大，异形的、开有洞口的混凝土支柱不仅起到遮阳和采光的作用，其洞口比例与周边古典建筑开窗比例有着相似的联系。当仔细观察这个似乎来自未来的建筑时，你会发现其中深厚的古典韵味，因此它也被戏称为"巴洛克粗野主义风格"建筑。

伦敦和南美洲银行建筑面积约为28000平方米，占地3000平方米，高度为26米，是当时布市的第二大建筑。该建筑最初被设想为一个多用途的盒子，能够根据需要变化使用。基地中心强大的核心筒支撑着巨大的屋板，各个楼层空间中没有任何其他支撑物，这种结构类似20世纪40年

左：伦敦和南美洲银行混凝土肌理；右：建筑与街道的关系

建造中的照片

代密斯的无柱大空间设想。建筑中庭两侧各有 1 个核心筒（中央柱状墩），平行于核心筒有两排跨距为 15 米的柱子，支撑其建筑下面两层楼板，因此每个楼层平面中没有其他支撑物。各层楼板看上去像飘浮在空中，无论在剖面上还是平面上都呈现出开放的状态，各层之间通过自动扶梯、楼梯和电梯连接。

　　这个建筑经常被描述为粗野主义建筑，但除了暴露的素混凝土之外，在其他方面与战后粗野主义建筑相差极大。这个建筑即使裸露的素混凝土外表面处理也是极为细腻的，这是将木材橱柜制作技术应用到模板工程中得以实现的，相当于使用了高成本的饰面层。混凝土的塑形特征在这里得以被充分表达的原因有二，一是先进模板技术，二是当时低廉人工成本费用，使得这种劳动密集型的工艺成为可能。因此，这个建筑在美学和伦理方面都应被放在战后粗野主义建筑的对立面来理解。

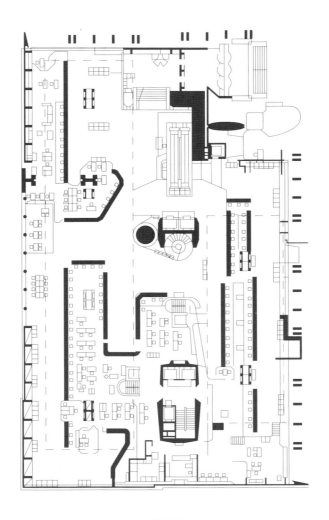

一层平面图

伦敦和南美洲银行室内

　　像任何杰出的作品一样，这个建筑充满了紧张的多重张力。如果说 SEPRA 表达了主导阿根廷文化的"西方主义"，那么特斯塔则努力寻求替代这种主流文化的设计模式。建筑物侵入市中心的紧凑结构之中，却延续了其历史语境，与此同时，侵入物的"未来"造型语言又造成了一种令人震惊的陌生感；建筑构件采用了不规则性和非理性轮廓，却是为了遵守相邻古典建筑所指定的规则。阿根廷建筑历史学家豪尔赫·弗朗西斯科·利努尔将这个建筑比喻为"金钱大教堂"。这个建筑的内部空间像教堂中殿一样，中殿内侧的过道永远处于黑暗之中，将构成建筑的物质化为虚空，而中殿外侧巨大玻璃幕墙化为教堂的玫瑰窗。以这种表现主义手法，建筑师在建筑内部塑造了一个由人工材料和机械设备组成的未来主义世界，试图对抗大众社会，并从混乱和强大的力量中提取出一种严酷的诗意，却呈现出一种古典品质。

在伦敦和南美洲银行两个街区以外，有一栋 2015 年建成的 CCK 文化中心（Centro Cultural Kirchner，2007—2015） **BA4** ，由 B4FS 建筑师事务所设计。这是一个历史建筑改造和再利用项目，原址为邮政大楼，由法国建筑师诺伯特·梅拉特于 1889 年设计，以纪念阿根廷建国 100 周年。2007 年，阿根廷政府决定将这个建筑改造为一个国际文化中心，为市民提供新的都市文化空间。这个项目涉及大量历史建筑保护和修复，以及建造中如何避免对历史建筑造成破坏等问题。在新的设计里，原建筑的两个内庭被封闭，其中大庭院底部架空了一个交响乐大厅，因其形状而被戏称为"蓝鲸"，在庭院上空悬挂着一个被称为"灯笼"的画廊和展览馆，这两个巨大的体量似乎飘浮在庭院之中，创造出令人兴奋的公共空间。这个中庭空间的设计让人想起阿根廷著名建筑师马里奥·罗伯托·阿尔瓦雷斯的圣马丁将军剧院（Teatro General San Martín）入口大厅。这个项目是布市振兴历史老城和滨水空间计划的一部分，也是阿根廷近年来规模最大的公共建筑。

CCK 文化中心夜景

五月广场西面是五月大道，这条宽 30 米的林荫大道东起玫瑰宫，穿过五月广场，向西 2 公里，到达议会广场和阿根廷国会大厦，与巴黎香榭丽舍大道、巴士底歌剧院大道和奥斯曼大道相比，无论是气派，还是美感，都毫不逊色。五月大道上的建筑以法兰西第二帝国风格为主，气派而奢华，其中也间杂着其他风格的建筑。仿照巴黎的做法，政府规定五月大道两侧建筑高度不能超过 24 米，因此五月大道上不同风格的建筑群并没有造成视觉上的混乱，街道景观非常和谐。今天，五月大道上那些奢华的公馆和别墅大多已经人去楼空，改为他用，但众多的咖啡馆依然保留着当年的面貌，每天人流熙熙攘攘、络绎不绝。这其中最著名的是多勒托尼咖啡馆(Café Tortoni)，室内的墙上挂满了曾接待过的世界名流的照片。这里也是诸多电影的取景地，国人最熟悉的莫过于电影《春光乍泄》，每天都有众多的文艺爱好者前来这里一坐。

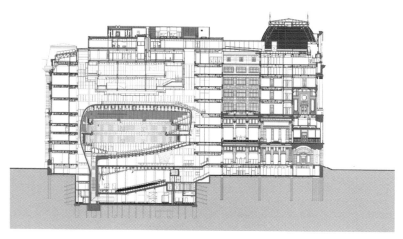

剖面图

CCK 文化中心·中庭

国家议会大厦—议会广场

　　沿着五月大道继续向西行，会看到意大利建筑师马里奥·帕兰蒂[3]设计的巴罗洛宫（Palacio Barolo，1919—1923） **BA5** 。

　　巴罗洛宫分成三个部分：底层商业、低层办公，以及也被考虑用于办公的塔楼。五月大道的建筑有严格高度限制，巴罗洛宫经过特殊批准后，建筑最高处灯塔部分达到 100 米，比法规限高多出四倍。巴罗洛宫虽是一座钢筋混凝土结构的现代建筑，但造型采用装饰艺术风格，或 19 世纪晚期折衷主义风格，走廊采用哥特式拱顶和装饰；塔的外立面和圆顶归功于帕兰蒂对印度建筑的兴趣；装饰细节则是古典主义建筑语言。在某种意义上，这个建筑是一本当时的"建筑风格词典"集成。传说，设计巴罗洛宫还有一个神秘的意图，就是建筑师希望设计一座但丁的当代庙宇。建筑的轴线与但丁在《神曲》中提到的南十字星座对齐，建筑高度为 100 米，与文本的 100 章相关联；14 层底楼、7 层塔楼和 1 层灯塔，对应《神曲》每

巴罗洛宫

国会大厦

3 马里奥·帕兰蒂（Mario Palanti, 1885—1978）：意大利建筑师，在米兰理工大学学习建筑，1909 年移居阿根廷，设计并建造了 1910 年纪念阿根廷独立 100 周年国际博览会中的意大利馆。第一次世界大战期间回到意大利入伍，1919 年，再次回到阿根廷，广泛地为本地富有的意大利移民提供服务。他为巴罗洛两兄弟在布市和蒙得维的亚分别设计了巴罗洛宫和萨尔沃宫，这两栋建筑是南美洲最早和最具象征意义的摩天楼。

节的 22 段韵文；每层楼的正面 11 个开间对应于每章的诗节数量；建筑立面的三段式分别象征着地狱、炼狱和天堂；等等。

在五月大道西侧尽头是议会广场和阿根廷国会大厦 **BA6** 。1894 年，阿根廷政府举办了国会大厦的设计竞赛，最终收到了 28 个方案，意大利建筑师维托里奥·梅阿诺赢得了比赛。工程于 1897 年动工，比利时建筑师朱尔斯·多马尔接手了这个项目。1906 年，阿根廷国会大厦举行了落成典礼，中间的穹顶建筑要到 1930 年才建成，而整个建筑全部完工要等到 1946 年。国会大厦的平面是一个古典矩形庭院，矩形的四角和中心各有一个突出的穹顶。建筑中精心安排了一系列重复的小房间，为公众和代表提供独立的空间和交通路线，建筑后部有一个大礼堂。国会大厦主立面与柏林 19 世纪 70 年代所设计的德国国会大厦类似，但略显瘦高的中央穹顶与正统的古典建筑语言相比，比例有些奇怪，不过却赋予了这个建筑一种独特的异域风味。

最高法院—拉瓦勒广场

在五月大道北面，紧邻七月九日大道西侧的拉瓦勒广场是阿根廷最高法院大厦所在地，最高法院大厦建筑本身的设计乏善可陈，旁边的科隆剧院（Teatro Colón） **BA7** 却是布市最著名的地标建筑之一。

1888 年，布宜诺斯艾利斯市政当局决定建造一座南半球最大的剧院，意大利建筑师弗朗西斯科·坦布里尼接受剧院的设计委托。科隆剧院是阿根廷和南美传统最为悠久的剧院之一，可与米兰的斯卡拉剧院和巴黎歌剧院相媲美。科隆剧院有一个意大利式舞台和马蹄形的大厅，可容纳2500~4000 人。坦布里尼于 1891 年去世，梅阿诺继续负责，1904 年他被暗杀后，由比利时建筑师儒勒·多马尔接手，并于 1908 年落成。科隆剧院采用当时南美典型的欧洲建筑风格，受法国建筑风格影响，由讲西班牙语的意大利移民建筑师设计，英国投资者建造，"欧洲要素"就这样被组

科隆剧院

合在一起。没有什么比这个建筑更能说明布市或者阿根廷人对待"欧洲文化"的态度——思想中的崇尚和实践中的折衷。19世纪末这一时期阿根廷建筑的主要关注点之一是如何更好地移植欧洲"先进文化",以构建和定义一种最接近欧洲的新文化。因此,建筑成了一种媒介,旨在向一个"不够文明"的社会提供一种欧洲化的表达,当然,这里的文化是特指19世纪的巴黎文化,意大利、德国和英国文化则居于次要地位,而宗主国西班牙的历史传统则几乎完全被忽略。

七月九日大道—科连特斯大街

五月广场和拉瓦勒广场之间通过一条对角线大街相连,这条大道与七月九日大道(Avenida 9 de Julio)和科连特斯大街(Avenida Corrientes)的交会处是共和广场(Plaza de la República),这里矗立着一个高67米的白色方尖碑 **BA8** 。方尖碑建于1936年,由波兰裔建筑师阿尔贝托·普雷维什设计。对于布市而言,这个方尖碑极具象征意义,这个项目于布市建

七月九日大道看方尖碑

城 400 周年那天落成，其所在的位置最初是一个教堂，曾在 1812 年升起过阿根廷的第一面国旗。由于共和广场下面有多条地铁线交叉，因此方尖碑的基础是一个极其复杂的结构，但建筑师将复杂的结构隐藏起来，通过抽象简洁的造型和对传统方尖碑比例的重新诠释，强调了这个纪念碑的现代性。这个颜色纯白、形体简约、毫无装饰的纪念碑完美地融入遍布古典建筑烦琐装饰的布市，成为城市中重要的地标。

沿着科连特斯大街行走，可以发现各类文化设施，其中书店尤多，布市曾被联合国教科文组织评为"书城"确实实至名归。

在这条大街上还有两个著名的影剧院建筑，这两个规模巨大、外形简单的综合体展示了建筑师在城市中处理复杂功能空间的能力。一个是格兰雷克斯电影院（Cine Gran Rex，1937）**BA9**，由普雷维什设计。其落成之时是南美洲最大的电影。为了回应周围的环境，建筑保持与周边建筑一样的高度和边缘立面的连续性，而将电影院的大型标志悬挑出来，成为繁忙街道上一个可见的标志。建筑的巨大体量和简单至极的外立面形成了强烈的视觉冲击力，给观者留下深刻的印象。简洁的矩形建筑立面被临街

格兰雷克斯电影院

通长的雨棚分为上下两部分，下部采用玻璃立面，向城市开放，上部由一个巨大的矩形玻璃幕墙和石材墙面构成。透过玻璃幕墙，街道上的人可以看到在剧院前厅中不同楼层间流动的人。这个建筑无论是室内还是室外，都展示了一种未经装饰和克制的材料表达，未经打磨的洞石、大理石、青铜和刷了白灰的钢筋混凝土墙面。在某种程度上，普雷维什的两个建筑，代表了 20 世纪 30 年代在阿根廷发展起来的一种克制的、受古典主义启发的现代建筑风格。

　　另一个是圣马丁将军剧院（Teatro General San Martín，1953—1961）**BA10**，由阿根廷建筑师马里奥·罗伯托·阿尔瓦雷斯[4]和马塞多尼奥·奥斯卡·鲁伊斯设计。建筑综合体跨越了一个城市街区，分为三个主要体量，不同体量容纳不同的项目。面向科连特斯大街的高体量是城市剧院区的一部分，上部是行政办公室和位于十层的电影院，下部是两个大型剧场和较

---

4 马里奥·罗伯托·阿尔瓦雷斯（Mario Roberto Alvarez，1913—2011）：毕业于布宜诺斯艾利斯大学建筑学院，后赴欧洲学习。1947 年，他与建筑师莱昂纳多·科皮洛夫和爱德华多·桑托罗合作成立工作室。1937—1942 年，受雇于国家公共工程部，1942—1947 年，任阿韦拉内达市建筑总监。在职业生涯中，他完成了大量的优秀作品，以及诸多竞赛奖项和特别提名。1998 年，他获得了国家艺术基金会颁发的职业生涯奖，2007 年，他被布宜诺斯艾利斯自治市政府列为杰出公民。他的作品特点是基于理性主义设计原则，充分采用现代技术，以简单的结构达成功能。

圣马丁将军剧院

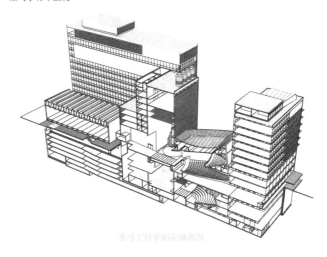

圣马丁将军剧院轴测图

低楼层的展览空间的入口大厅。地块中间体量是城市剧场，包含各种戏剧空间和设备，如垂直或旋转移动舞台、现代照明、可调节的乐队池和扩展的舞台平台等。基地后部体量是戏剧学院和停车场，由模数化的钢架和玻璃板构成的建筑立面展示了建筑师对新材料和技术的兴趣。建筑的入口大厅是拉丁美洲高级现代主义的最佳范例之一，这个空间借鉴了当时巴西现代建筑的一些做法，结合了倾斜的柱子，支撑着其中一个礼堂的悬空体积。圣马丁将军剧院也是阿根廷少数几个综合艺术的案例之一。大型壁画和雕塑分散在建筑的公共空间中，如底层剧院中路易斯·希奥亚尼的《阿根廷剧院的诞生》；在后面的入口层大堂中胡安·巴特列·普拉纳斯的陶瓷壁画；楼上礼堂的一楼大厅中何塞·菲奥拉万蒂的浅浮雕，恩尼欧·约米的不锈钢雕塑。在舞台上部空间墙面上还有巴勃罗·库拉特亚·马内斯的雕塑等。

圣马丁广场

以五月广场为中心延伸出很多街道，其中有两条非常著名的步行街，一条是沿着五月广场南侧的德纷萨街（Calle Defensa）到多雷哥广场（Plaza Dorrego），每周日的圣特尔莫周日集市（Feira de San Telmo）上，小街两边汇聚了众多古董、二手货和手工艺品商贩，还有各种即兴的街头表演；另一条则是五月广场西北侧的佛罗里达街（Calle Florida），这条步行街上分布着各种商店，历史上曾经是布市最著名的奢侈品和时尚购物区，今天变成一条旅游和商业步行街，向北一直到布市北部的圣马丁将军广场（Plaza General San Martín）。

沿佛罗里达街向北走到相交的巴拉圭街，附近街角有一栋阿根廷早期经典的现代主义建筑苏伊帕查街和巴拉圭街艺术家工作室（Ateliers en Paraguay-Suipacha, 1938）**BA11**，由西班牙移民建筑师安东尼·博内特[5]、奥拉西奥·贝拉·巴罗斯和亚伯·洛佩兹·查斯合作完成。

1939 年，来到阿根廷第一年的博内特设计了这个艺术家工作室。在项目中，他展示了如何巧妙地将城市建筑类型和法规限制转化为设计灵感。香肠屋（casa chorizo）是阿根廷典型的城市住宅类型，最早始于 18 世纪，当时城市住宅用地大多进深长而面宽窄。基地一边是沿开放的走廊组织起来的房间，另一边是长长的天井。随着城市发展，出现了更高密度的变形体，长长的底层大厅一直延伸到地块的尽头，连接后部 2 个或 3 个建筑塔

艺术家工作室

5　安东尼·博内特（Antoni Bonet，1913—1989）：阿根廷早期现代主义重要的建筑师之一，在阿根廷、乌拉圭和西班牙完成了大量的建筑作品。他出生于西班牙，1936 年毕业于巴塞罗那建筑学院，是加泰罗尼亚艺术家和当代建筑进步技术人员小组（GATEPAC）成员，后在法国柯布西耶的工作室工作，西班牙内战开始后，在工作室的阿根廷建筑师豪尔赫·法拉利·阿尔多伊和胡安·库尔坎力邀下，于 1938 年移居阿根廷。随后，与阿根廷朋友建立了南方小组（Austral Group），在其宣言"意志与行动"（Voluntad y Acción）中，他们认为阿根廷的现代主义已经陷入了一种新的学术主义，鼓励回归"原始"的现代精神，称颂个人、艺术与超现实主义的重要性，关注人的心理问题，以此作为功能主义建筑中"非人性化"问题的解毒剂。南方小组是当时拉丁美洲最早的前卫建筑群体：在受惠于柯布西耶的同时，又重塑他的思想，发展出新的方向和形式。1945—1948 年，移居乌拉圭；1963 年，回到西班牙。

左：艺术家工作室顶层工作室；右上：艺术家工作室底层商铺；右下：艺术家工作室屋顶

楼，中间则由内部天井隔开；侧墙是邻近的建筑，因此是完全封闭的，长而高的天井成为塔楼中房间唯一的光线和空气来源。后文中，在柯布西耶设计的库鲁切特住宅项目中，会再次碰到香肠屋这种建筑类型。

　　艺术家工作室的用地面积被控制在 10 米 ×20 米以内，这样新建建筑就只需设置较小比例的天井面积，即 12%。此外，因为布市建设条例要求可居住的空间必须可以看到天井，所以建筑底层全部用于商店，将天井移到二层，这是布市中心区建筑的典型布局。显然，博内特在很短时间就已经熟悉了布市这个陌生城市。艺术家工作室这一建筑类型之前在布市并不常见。博内特设计的艺术家工作室底层有 4 个商铺门面，二层以上有 7 个工作室，都是独立的居住单元，至少包含卧室、厨房和浴室各一间。尽管被称为"艺术家工作室"，事实上，这是当时为有能力独立生活的单身男子提供的公寓，以满足他们对波希米亚生活的向往。

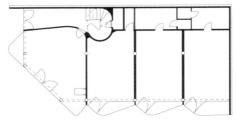

一层平面图

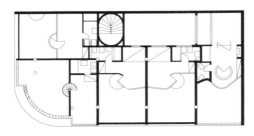

二层平面图

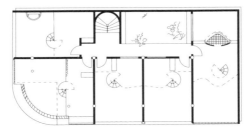

三层平面图

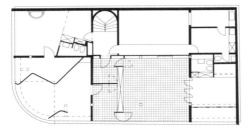

四层平面图

建筑位于街道拐角处的一块小土地上，布市传统的城市建设条例确定了街道转角处建筑地面层必须做成倒角形，上层的建筑不受此限制。对于这一点，博内特并不陌生，因为他生活过的巴塞罗那也有类似的规定，虽然略微不同。建筑低层凹凸变化的曲面店面激活了城市人行道，在展示商品的同时，似乎也在迎接和挑逗行人。这段曲线造型与建筑顶部的两个拱形抛物面屋顶相呼应，在布市传统中心区塑造了一处不同的街角空间。

在巴拉圭大街（Paraguay）上有一扇小门通向二层。二层平面以 C 形布局围绕着一个向天空开放的双层高小天井展开，这个天井在这里变成了郁郁葱葱的花园，将"自然"置于建筑空间的核心。沿着天井的走廊画廊将传统的出租屋类型与现代的双层布局结合起来。一楼的工作室通向一个双层高的生活空间，有很大的窗户可以看到街道。一个圆形的楼梯通向卧室和浴室，卧室和浴室悬挑于走廊之上。夹层平面的曲线在这里顺着螺旋形楼梯展开，是对这种自由流动的线条的不同解析。每间公寓基本配置和设计基本相同。浴室中的垂直管道延伸出屋顶，变成了略带拟人化的烟囱。三层布置了两个较大的工作室，每个工作室都由抛物线拱顶覆盖。拐角处是一个私人屋顶花园，被波纹金属屏风分割成为两个部分。

由百叶窗、玻璃、玻璃砖和实墙面组合出不同透明度的建筑立面，在

剖面图

夜间，会透出室内的灯光，在夜间城市街道上投射出复杂梦幻的漫反射效果，在 20 世纪初的布市，这足以召唤"港口人"巨大的兴趣。建筑室内外元素的弯曲、弧度、扭曲，以及获得可见和可触的特性，刺激了人们的感官，材料和饰面通过其纹理和颜色邀请人们进行触觉探索。波纹和扭曲的造型和转动的百叶窗，以及内部空间中机械枢轴、褶皱和旋转构件，强调了工业材料的使用及其实验性质，并在形式上、材料上和程序上构成了对传统建筑惯例的挑战。

此外，建筑师为这个艺术家工作室设计了标志性家具——BKF 椅子，也称蝴蝶椅，BKF 是三位设计师 Bonet、Kurchan 和 Ferrari 名字首字母缩写。知道这个建筑的人不多，但是这把蝴蝶椅却无人不知。椅子的设计和建筑的设计理念一样，由即兴的曲线形式与悬挂的皮革构成，像建筑一样呈现出强烈的对比关系，传统（阿根廷皮革加工工艺）与现代的（曲木框架）、物理稳定性与"不稳定的"有机形式、不规则但有控制的形式等；这是一种与理性主义截然不同的新形式。BKF 椅子的主要制作材料是牛皮，而牛皮是阿根廷在 20 世纪初主要的出口商品，因此对于本地人而言，这把椅子具有一种熟悉感，而对于建筑师而言，皮革不仅是阿根廷的，还是现代的——柯布西耶的巴黎公寓里就放着一张来自阿根廷的牛皮地毯。

在这样一个小的建筑中，博内特置入了大量的实验性做法和综合造型手段，以表达他长期的建筑思考和对阿根廷的认识。博内特在法国时就对超现实主义极为感兴趣，在这个设计中，他试图融入超现实主义的理念。通过不同的材料和形式的并置，建筑试图通过对比创造一个"超现实主义"的视觉冲击：在传统的布宜诺斯艾利斯城市肌理中、钢铁和玻璃之间、在正交和曲线的形式之间，以及在现代建筑技术与传统的加泰罗尼亚拱之间。底层商店的曲线形式也象征着对理性主义法则的拒绝，旨在探索自由的创造和潜意识的潜力，回归"人性化"的状态，在商业效率和体制法规之间表达前卫艺术激情和社会理想，因此，这个建筑既是一台机器，也是一台生活的装置，一种插入城市中的超现实主义装置。

蝴蝶椅

佛罗里达街的尽头是建于 1883 年的圣马丁将军广场。1900 年前后，广场的周边成了布市最高档的居住社区，大量的豪华府邸和公寓出现在这个地区，尽管经历了后来高速城市化的冲刷，但今日还可以看到圣马丁公馆（Pâlacio San Martin）和帕兹公馆（Palacio Paz），均由法国古典建筑师设计。

这两座公馆的对面是一栋传奇的高层公寓卡瓦纳大楼（Edificio Kavanagh，1936）**BA12**，由乌拉圭工程师格雷戈里奥·桑切斯、阿根廷建筑师埃内斯托·拉各斯和路易斯·玛丽亚·德·拉托雷合作设计。1936 年，这座高 119 米的 30 层建筑是南美洲最高的建筑和世界上最高的钢筋混凝土建筑，建筑外立面上装饰艺术风格垂直线条加强了建筑的高耸感。在飞机普及之前，无论乘火车还是乘搭轮船到布市，第一眼会看到的一定是卡瓦纳大楼，因为雷蒂罗火车站（Estación Retiro）和布市客运港口都在这栋大楼的正前方。

卡瓦纳大楼

科瑞娜·卡瓦纳是一位富有的阿根廷寡妇，她卖掉了众多乡间庄园中的两处，在布宜诺斯艾利斯市中心建造了卡瓦纳大楼，这 105 套公寓的潜在客户是阿根廷最富有的庄园主。公寓使用了当时最新的技术，如中央空调和现代化的管道设备。由于这是一幢住宅摩天楼（与当时北美办公摩天楼不同），建筑师主要关注的不是开发量，而是公寓的个性化。因此，底层三角形大厅内有 12 部电梯，单独通往不同楼层，尽量减少租户之间的影响。业主保留了 14 层的一整层作为自己的公寓，面积接近 650 平方米。随着楼层的上升，建筑体量逐渐后退，追求雕塑形式而不是争取楼层面积最大化；这些退台形成了诸多的露台花园，从这里可以看到河流、公园和整个城市。

从圣马丁广场向北穿过一片法国古典建筑街区，在一条小街的背后隐藏着西班牙美洲艺术博物馆（Museo de Arte Hispanoamericano Isaac Fernández Blanco，IFB）**BA13**。这栋西班牙新殖民风格建筑由阿根廷建筑师马丁·诺埃尔[6]于 1914 年设计，作为他们兄弟二人的住宅，内部有一个纯正的安达卢西亚风格庭院。马丁·诺埃尔所倡导的新殖民风格建筑契合了当时拉丁美洲西语国家中盛行文化民族主义思潮（1900—1920），承认印第安与西班牙殖民文化都是自身血脉的一部分，并强调混血和融合才是塑造新的民族文化和精神的基础。尽管他的主张带有强烈的复古主义色彩，但这种文化态度将成为阿根廷现代建筑铺垫的一个重要底色：折衷和兼容。

1936 年，这座住宅被出售给市政府，并于 1947 年改为西班牙美洲艺术博物馆。艾萨克·费尔南德斯·布兰科是一位阿根廷工程师，拥有大量的家族财富。自 1882 年，他收藏了近 10000 件西班牙美洲银器、宗教物品、

---

6 马丁·诺埃尔（Martín Noel，1888—1963）：阿根廷建筑师。1909 年，诺埃尔赴法国巴黎建筑专科学院求学，接受了完整的巴黎美院教育。1913 年，他回阿根廷后，对美洲殖民建筑产生了极大的兴趣，因此倡导从西班牙殖民建筑中吸收养分，以塑造美洲自身的建筑，他和其他一些建筑师成为美洲新殖民风格建筑的倡导者。

上：西班牙美洲艺术博物馆；下：西班牙美洲艺术博物馆庭院

绘画、家具、书籍和文件等，其中大部分来自秘鲁、里约热内卢和基多地区。1922 年，布兰科将藏品卖给了市政府，政府因此设立了这座西班牙美洲艺术博物馆。

马德罗港

    布市最近30年的巨大变化集中体现在马德罗港（Puerto Madero）的发展。由于地理和水文原因，布市从建城之初就面临没有天然港口的问题。1882年，市政府聘请了工程师爱德华多·马德罗设计这个港口，以解决拉普拉塔河上的船只如何到达城市的问题，这也是马德罗港名字的来源。随着大型货船的出现，这个雄心勃勃的港口很快就过时了。1926年，另一位工程师路易斯·韦尔戈被聘请建造"新港"。随着新港完工，马德罗港被彻底废弃，此后一直处于被忽视状态。尽管多年来提出了各种重建和城市化计划，但在20世纪的大部分时间里，这里什么都没有发生。直到20世纪90年代，在布市政府和国外资本的推动下，这才重新启动了马德罗港的复兴计划，除了将昔日的老建筑进行改造更新外，还陆续建造了许多高档办公楼、公寓、豪华酒店和餐馆。在不到20年的时间里，马德罗港被彻底改变，不仅是该市最大的景点之一，还是各大地产最感兴趣的地段之一，目前这个地区周边的房地产增值迅速，已经成为布市房价最高的区域。

    现在的马德罗港东侧临拉普拉塔河的一面是占地350公顷的生态保护区（Reserva Ecológica），是布市最大、生物多样性最丰富的绿色空间。

马德罗港内河

马德罗港内河

尽管它靠近繁忙的市区，但这里却是一个非常宁静的绿洲，也是野生动物的天堂。周末这里有大量观鸟者、步行者和骑自行车者，生态保护区内有小径通向海滨。内河靠近老城的一侧是老仓库和码头用房，现已被改造为高档餐厅和酒吧；西侧内河靠近新区的一面，布满了办公建筑和公寓，形成了布市的新天际线。其景象让人想起 1929 年柯布西耶访问布市时勾画

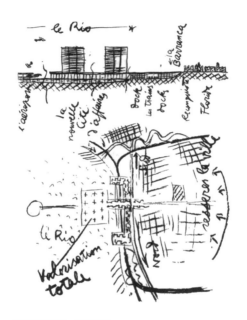

布市规划草图，柯布西耶

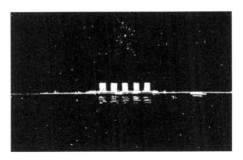

马德罗港区意向草图，柯布西耶

女人桥

的草图，柯布将当时的布市与纽约相比，在现马德罗港处填海修建人工岛，在岛上修建高层塔楼建筑，形成新的城市中心，与水平的潘帕斯草原和海平面形成对比。当时他的建议没有被布市采纳，但几十年后，他的建议以另外一种形式被私人开发商实现了。出于对利润的追求，现在的马德罗港区建设了大量不同风格高档塔楼建筑，最低也有 130 米高，但无序和高强度的开发损害了城市滨水区域的天际线。

从地产开发角度来说，这个复兴项目是成功的，但是从城市和社会的角度来看，这个地区的开发从一开始就被投机资本所绑架，城市建设处于失控的状态；此外，高档社区的引入侵占了城市的公共空间，这种有损城市公正的做法招致了社会各方面的批评。大量资本的涌入允许马德罗港开发邀请大量国际著名建筑师和建筑事务所参与设计，但在过于追求效率的商业开发原则下，大部分建筑虽然使用了高档的建筑材料，拥有精致的细部，却鲜有优秀的建筑作品。

马德罗港规划期望塑造一个向女性致敬的社区，因此，区域内所有的街道都以科学、艺术和政治领域著名的女性人物命名。横跨港区内河连接老城和港区的步行桥也被称为"女人桥"（Puente de La Mujer）**BA14**，由西班牙著名的建筑师和工程师圣地亚哥·卡拉特拉瓦设计，于 2001 年底建成，其结构巧妙，形态优美，据说造型受到了阿根廷探戈的启发，是马德罗港的地标建筑之一。当船只驶入内河时，桥身会旋转 90°打开，让船只通过。在女人桥旁边停靠着建于 1897 年的护卫舰"总统萨米恩托号"（Fragata Presidente Sarmiento），这艘军舰曾在世界各地进行了 37 次重要的旅行，1963 年，被认定为国家历史古迹，改为博物馆。港区内分布了许多私人艺术中心，其中最著名的是阿玛利亚·拉克鲁兹·德·福塔巴特艺术中心（Colección de Arte Amalia Lacroze de Fortabat）和法纳艺术中心（Faena Arts Center），收藏了大量国际艺术家的作品。2003 年建成的米凯拉·巴斯蒂达斯城市公园（Parque Micaela Bastidas），主要为市民提供公共生活和休闲功能，由建筑师内斯托·马加里尼奥斯、艾琳·何塞莱维奇和格拉谢拉·诺沃亚合作设计。公园的景观设计利用了自然地形，室外空间和种植设计十分精良，是阿根廷近期优秀的景观作品。

•BA20

•BA18
•BA17
•BA21
•BA19
•BA16

•BA15

•BA22

雷科莱塔

雷科莱塔

雷科莱塔区（Recoleta）是布宜诺斯艾利斯传统的富人聚集区，随处可见高档的公寓楼、奢侈品牌商店、大片的绿色公园、法式建筑、宽敞的大道以及装饰奢华的饭馆和酒店，阿根廷每年有很多的艺术活动会在这里举行。

19 世纪 70 年代，布宜诺斯艾利斯疾病流行，上流阶层和富人选择离开老城，迁移到地势较高的雷科莱塔区，后来阿根廷政要和名人也逐渐会聚于此。1821 年，布市政府在雷科莱塔区中心位置修建了雷科莱塔公墓（Cementerio de la Recoleta）**BA15**，由建筑师洛斯珀·卡特兰设计，他也是改造五月广场边上主教堂的设计者。60 年后，建筑师胡安·安东尼奥·布斯基亚佐参照巴黎贝尔-拉雪兹公墓进行了改进设计。公墓占地 5 公顷，有近 5000 个墓室，埋葬着约 7000 位阿根廷历代社会精英。这里就像一个微缩的城市，内部划分为严整的街区，每个街区内又有主街和小巷，各个时期装饰精美的墓室紧凑地排列在一起，很多墓室前面还配有著名艺

雷科莱塔公墓

皮拉尔圣母大教堂

术家的雕塑，类似一个微型建筑和雕塑艺术博物馆。在墓地间穿行时，犹如穿行在布市的方格网街道中，近景中比例缩小的墓室建筑与远处城市高楼诡异地融为一体，让人产生一种时空混乱的幻觉。

　　紧邻公墓的是皮拉尔圣母大教堂（Basílica de Nuestra Señora del Pilar），这座始建于1732年的罗马天主教教堂是布市第二古老的教堂。殖民地风格的白色灰泥墙体厚重而朴素，在强烈的阳光下极具雕塑感。教堂旁边是雷科莱塔文化中心（Centro Cultural Recoleta），一个集展览、会议、艺术和音乐活动功能为一体的公共文化设施。这个改造项目中的老建筑建于

1732 年，其后经历多次改造，最后一次重大改造发生在 1980 年，由特斯塔设计，这次改造将周边一些建筑也容纳进来，并增加了文化、展览和商业功能；在室内，特斯塔设计了立体的流线将不同时期的建筑串联在一起。现在的雷科莱塔文化中心更加类似一个城市艺术街区，每年有大量的艺术设计展览和活动在这里举办，也是布宜诺斯艾利斯艺术双年展的主场。

　　沿着雷科莱塔文化中心前面的自由大道（Av. del Libertador）向北走，分布着众多的文化艺术和公共教育建筑。雷科莱塔文化中心正前方是阿根廷国家美术馆（Museo Nacional de Bellas Artes）**BA16**，以拥有诸多欧洲著名绘画大师的作品和各个时期的阿根廷艺术家绘画作品而知名。1933 年，由阿根廷建筑师亚历杭德罗·布斯蒂略[7]在一个污水泵站的基础上改造而成。美术馆的对面是像帕提农神庙一样的布宜诺斯艾利斯大学法学院

阿根廷国家美术馆

---

7 亚历杭德罗·布斯蒂略（Alejandro Bustillo，1889—1982）：20 世纪阿根廷最重要的建筑师之一。1914 年毕业于布宜诺斯艾利斯大学建筑学院，接受巴黎美院体系的建筑教育。在漫长的职业生涯中，他一直坚持古典主义建筑设计原则，他的"反现代"、视建筑为艺术的态度，让他在阿根廷建筑历史领域备受质疑，但他几乎横跨 20 世纪和遍及整个阿根廷的作品所展示出的质量是无可否认的。其代表作有：维多利亚·奥坎波住宅（Casa de campo，1928），国家美术博物馆（Museo Nacional de Bellas Artes，1932），布宜诺斯艾利斯国家银行总部（Banco de la Nación Argentina，1939），罗萨里奥国旗纪念碑（Monumento Nacional a La Bandera，1940）。

上：布宜诺斯艾利斯大学法学院；下：《钢之花》

建筑。在法学院旁边有一个巨型动态装置《钢之花》（*Floralis Genérica*）
BA17，由阿根廷建筑师爱德华多·卡塔拉诺设计，巨大的不锈钢花瓣可
以打开和关闭。

《钢之花》的另一边是阿根廷彩色电视台总部（Argentina Televisora
Color，ATC，1976—1978）BA18，由 MSGSSS 建筑事务所[8]设计。电

---

8 MSGSSS 建筑事务所：阿根廷建筑事务所，由5位建筑师弗劳拉·曼泰奥拉、哈维尔·桑切斯·戈
麦斯、约瑟法·桑托斯、胡斯托·索尔索纳和拉斐尔·维诺利创建。维诺利后来移居美国，创建自己
的事务所，是国际著名的建筑师。

阿根廷彩色电视台总部

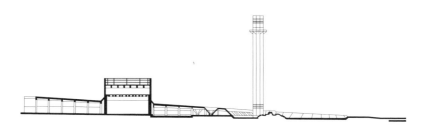

阿根廷彩色电视台总部剖面

视台总部的基地位于自由大道和沿拉普拉塔河的铁路之间，基地一侧是住区，一侧是公园。为了让建筑和周边环境对话，建筑师设计了一个巨大的三角形截面的基座，公园那一侧是地平面高度，另外一侧升起，保证了公园空间的连续性，基座的屋顶变成了一个巨大的硬质广场，为了减小尺度和增加空间的丰富性，一个不规则水面和一系列的天井被放置在基座中间，最终四个白色长方体整齐地插在这个平台之上。这个建筑在技术与景观之间展开对话，在解决建筑功能的同时，也创造出了优质的城市公共空间。

阿根廷国家图书馆

　　在这条布市文化建筑轴线上，高潮点毫无疑问是特斯塔设计的阿根廷
国家图书馆（Biblioteca Nacional，1962—1992）**BA19**。在获得伦敦和南
美洲银行总部项目委托后不久，特斯塔于 1961 年又赢得了阿根廷国家图
书馆项目。但不幸的是，由于阿根廷政治和经济震荡，这个项目于 1971
年动工，经历了无数挫折，于 1992 年完成。对此，特斯塔幽默地引用歌
德的诗来表达自己的看法："它以自己缓慢的节奏行进，不急，不停，犹
如一颗星辰。"

从一开始，这个项目就带有浓重的政治含义。建筑基地原先是阿根廷总统胡安·多明戈·贝隆府邸，其妻子艾薇塔（电影《阿根廷，别为我哭泣》的主角原型）在此病逝。贝隆曾三次担任阿根廷总统，他创立的正义党是阿根廷历史上最重要的政党。他的政治主张被称为贝隆主义，被认为是一种民粹主义。民粹主义在拉丁美洲具有深厚的传统，其定义和表现极为复杂，但有一个共性，就是极端的平民化倾向。在这种主张下，阿根廷推行平均主义，没收外国资本，设置高关税，对资本家征收重税，给工人发放高福利。尽管这种极端的政策赢得了底层人民的支持，但严重撕裂了阿根廷社会，其后阿根廷经济和政治的动荡与贝隆主义有着极大的关系。1955年，贝隆被驱逐后，府邸被拆除，新政府决定在此修建国家图书馆新馆。

基地位于一个公园山丘之上，除了东面面向拉普拉塔河外，其他三边都是城市街区。与伦敦和南美洲银行总部一样，建筑采用钢筋混凝土结构，将材料的塑形潜力充分挖掘出来。对于功能布局，建筑师将书库部分埋入地下，用四个巨大的混凝土筒将阅读和公共部分提升到空中，地面层完全与周边公园融为一体，形成连续的公共空间。建筑一方面回应了周边城市

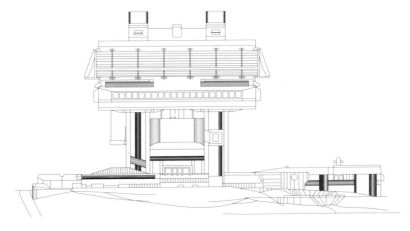

国家图书馆立面图

国家图书馆底层入口

上：国家图书馆底部平台；下：混凝土浇筑细部

和自然环境，将地面层留给了城市，保留了一个城市与河岸边联系的绿廊，另一方面为读者提供了最佳的城市和水岸景观。建筑主体被提升在地面以上的手法，在拉丁美洲建筑中非常常见。然而，特斯塔将底层架空到了前所未有的高度。究其原因，这样的处理与建筑所处的环境有关，周边街区中8—11层建筑紧凑排列，如果架空层高度过低，那么底部的公共空间将常年处于周边建筑的阴影之中。

据说，特斯塔像康德一样，生活极有规律，每天都穿着同样的灰色西装，在同一时间和同一个地点喝咖啡。这种个性和他作品（建筑与绘画）所展示出来的特性之间充满了矛盾，一面是无限的幻想力和自由，另一面是严谨的计划性与秩序，能够同时具有这对矛盾特质的人是最伟大的魔术师。

奥坎波自宅

维多利亚·奥坎波的自宅（Villa Ocampo，1929）**BA20** 坐落在自由
大道旁边的一个安静的社区中。奥坎波出生于阿根廷一个富裕家庭，是一
位富有的艺术赞助人，也是现代主义的狂热支持者，在拉丁美洲现代建筑
传播过程中发挥了巨大作用。在她创办的《南方》（*Sur*）这本文学杂志中，
第一期（1931）就发表了格罗皮乌斯讨论现代建筑的文章。此外，她也是
邀请柯布西耶 1929 年来布市访问的核心人物。奥坎波曾委托柯布西耶设
计自己在布市的住宅，但最终没有按照柯布西耶的方案实施，而是采用了
阿根廷建筑师亚历杭德罗·布斯蒂略的方案。

奥坎波自宅背部细节

奥坎波自宅楼梯间

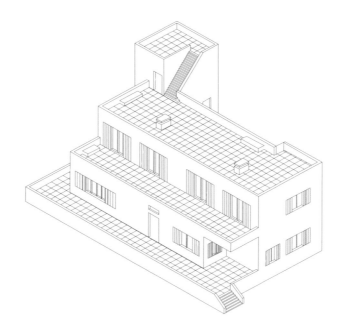

奥坎波自宅轴测图

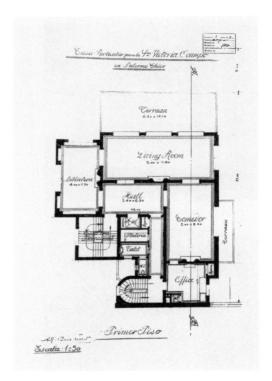

奥坎波自宅手绘平面图

　　从建筑外观上看，布斯蒂略设计的住宅确实具备了早期现代建筑的特征，简洁的立面和几何体量组合，没有多余的装饰。但看建筑的平面，就会发现室内空间仍是遵照古典建筑原则设计的，是一个现代表皮包裹着古典空间的建筑。奥坎波是那个时期典型的布宜诺斯艾利斯知识分子，倾向现代主义，对自己的住所要求光线充足，装饰简洁，能够与天空和自然对话，并使用欧洲家具和现代艺术品作为装饰。在回忆录中她写道，这让她成为邻居、亲戚和朋友的批评对象。考虑到这些因素，这个"表里不一"的建筑似乎不那么难以理解。

上：汽车俱乐部正面；下：汽车俱乐部背面

事实上，在布市这种做法很常见，直到今天，一些看上去很现代的公寓，里面大厅却填满了古典装饰细部。类似的案例还有同在自由大道上的汽车俱乐部建筑（Automóvil Club Argentino, 1943）**BA21**，建筑师安东尼奥·维拉尔[9]临街立面采用了简洁的古典主义，而背面则因为汽车展示需要大空

---

9 安东尼奥·维拉尔（Antonio Ubaldo Vilar，1887—1966）：阿根廷早期重要的现代建筑师之一。1914 年毕业于布宜诺斯艾利斯大学工程系；1918—1920 年，在阿根廷国家石油开采部（YPF 的前身）担任工程和建筑服务负责人，1926 年开始自己的执业生涯。20 世纪 40 年代维拉尔发现了现代和传统之间的结合可能性，从而逐渐脱离理性主义建筑原则，开始探索如何将历史和传统元素融入现代建筑语言。

间，设计了一个由砖、铸铁和玻璃构成的半圆形现代风格建筑。前面的古典盒子和后面现代半圆形工厂直接拼合在一起，建筑的不同部位采用不同的建筑语言。

这种"折衷"或者"杂糅"的做法一方面反映了阿根廷知识分子所发动的早期现代主义运动并不纯粹（按照欧洲的定义），带有极大的妥协性；但另一方面，这种做法所展现出来的暧昧和混杂，为本地区的建筑发展留下了更多的可能性。

在雷科莱塔区北部的圣达菲大道（Av. Santa Fe）上有一个书店叫"雅典人"（El Ateneo），原先是一座建于 1919 年的剧院，今天被改造为书店。建筑室内保留了原来剧院金碧辉煌的壁画、装饰、剧场包间和圆形挑台，唯一不同的是，书成了空间的主角。这个书店曾被评为"世界上最美的 10 个书店"之一。

从书店出来，向北不远的一条小街上隐藏着苏·索拉博物馆（Museo Xul Solar, 1993）**BA22**，由建筑师巴勃罗·贝蒂亚与其他建筑师合作设计。苏·索拉是阿根廷一位特立独行的艺术家、作家和雕塑家，精通占星术、神话和神秘学，他的好友博尔赫斯曾这样评价他："人们，尤其是布宜诺斯艾利斯人，一生总在接受名叫现实的东西；而苏的一生却在革新与重新创造一切。"苏·索拉去世后，艺术家的遗孀要求将他的住宅改造成博物馆，用来展示其作品。

雅典人书店

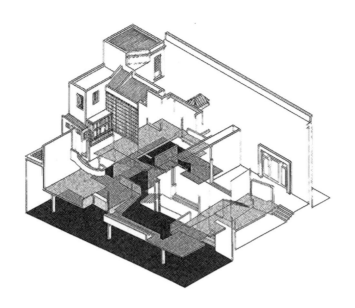

苏·索拉博物馆轴测图

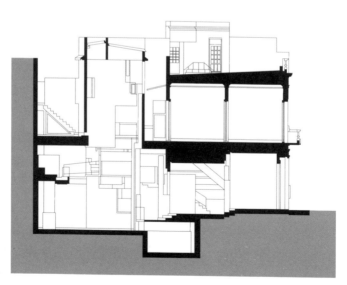

苏·索拉博物馆剖面图

苏·索拉博物馆室内

苏·索拉博物馆中庭

在这个设计中，建筑师面临的最大问题是，除了保留现有建筑的外部形态外，还要完整保留艺术家在二层曾居住的一个小房间；此外，艺术家的遗孀要求建筑设计必须体现艺术家的特性。住宅外立面被原封不动地保留了下来，从街道上看是一个很普通的住宅，参观者不仔细找就很容易错过。贝蒂亚在原先住宅中间插入了一个有顶的中庭，用于自然采光。围绕着中庭，原来住宅的小房间被打开并连接在一起，形成一系列高低不一的小画廊，在室内创造了一个三维迷宫一样的空间序列，与艺术家作品中展现出来的意旨相合。在中庭的一侧，有一个混凝土楼梯直通二楼艺术家曾居住过的房间。这个建筑更像剧院而不是传统的画廊空间，一系列小尺度的画廊空间与较大的中心空间发生重叠和交叉，使得从每个小画廊看中心空间的方式都不尽相同，犹如戏剧中不同场景并置在一起，暗示出空间之间的相互联系和依赖。为了与现有结构区别，博物馆新建部分用钢筋混凝土建造，并且在结构上非常有表现力，有些夹层被天花板垂下的吊索固定，有些则悬挑出来，看起来没有任何支持。迷宫一样的空间加强了新旧之间的对比。此外，扶手、楼梯和结构连接部采用不同材料（混凝土、玻璃、金属、板岩和木材）的组合，显示出对意大利建筑师卡洛·斯卡帕作品的借鉴。

这个建筑完美地完成了业主的嘱托，即使参观者不懂建筑，但只要看过苏·索拉的绘画作品，就能理解为什么建筑师设计了这样的空间。这个项目完成于 20 世纪 90 年代初，当时阿根廷已经全面拥抱新自由主义经济政策，但由于严重的社会和经济结构问题，以及历史沉疴叠加在一起，使得阿根廷的社会、政治和经济动荡不安，加之建筑界各种主义和思潮的泛滥，建筑设计质量普遍不佳，这个作品是当时阿根廷建筑中少有的精品。

•BA23

•BA24

布市南部

博卡区

布市南部

与富裕的北部不同，布市南部是中低收入人群聚集区，历史上发展缓慢，城市基础设施和配套公共设施不足。不同时期的政府都曾尝试通过规划政策来推动这个地区提升，但收效有限。

博卡区是布市历史上的港口区，西班牙语中"La Boca"是"嘴、口"的意思，这里指里阿丘埃洛河（Rio Riachuelo）的河口。今天的博卡区是世界闻名的景点之一，里面分布着众多的探戈表演吧、酒吧和餐馆。让博卡区闻名于世的重要原因是成立于1905年的博卡青年队和足球巨星马拉多纳，于1940年的独立日投入使用的博卡青年队足球场（足球爱好者的必到之处），阿根廷国宝探戈的起源之地，以及梦幻的建筑色彩。

19世纪，大量来自意大利热那亚的贫苦移民聚居在博卡区，形成了贫民窟，早期住宅都是用便宜的木条和金属板临时搭建而成的，拥挤破败。从博卡区走出的一位画家贝尼托·昆克拉·马丁改变了这一切。为了提升社区环境，他带动社区居民用彩色涂料涂刷房子外表。昆克拉·马丁认为即使生活在社会最底层的人们，也需要尊严和感受美，而色彩则是最便宜的装饰。最终，博卡区变成了一个色彩斑斓的社区，成了布市最有特点的景点，每年吸引着大量游客前来参观。昆克拉·马丁是对的，生活在泥泽中是可悲的，但并不可怕，可怕的是失去对生活的全部希望；表面上

左：博卡青年队主场；右：港口边昆克拉的雕像

博卡区的色彩

博卡区港口人行道铺地

看，是色彩改变了这个社区，但这背后的真正原因是色彩对社区居民心理的改变。昆克拉·马丁的故居现在被改造成了一个美术馆（Museo Benito Quinquela Martin），就在博卡区的入口处。

帕特里西奥斯公园（Parque Patricios）附近有一个住宅项目里奥哈综合体（Conjunto Rioja，1968—1973）**BA23**，由 MSGSSS 建筑事务所设计。项目的委托方是布宜诺斯艾利斯政府银行，他们决定在这里为自己的员工修建高层公寓。

项目基地是一个完整的街区，建筑师在这个项目中探讨了新型高层住宅和未来城市街区两个议题。1929 年，柯布西耶访问布市时，他用草图分析了布市传统街区和建筑，认为它们已经无法满足现代生活的需要，布市需要新的建筑类型，他主张用高层塔楼来代替低层建筑。二战后，阿根廷的高速城市化使得高层建筑成为一种必然选择，但高层住宅存在一系列的问题，如传统社区联系消失以及缺少积极交往空间等。MSGSSS 的几位建筑师为此构思了一个崭新的概念，将整个街区抬高形成一个大公共平台，将 7 栋高低不同的公寓塔楼放在平台之上，再用空中连廊将塔楼连接在一起。高出街道的平台为街区提供了一个公共活动的广场，而空中连廊为不同塔楼的居民提供了更多的相遇机会，成为建筑内部立体的步行街道系统。

塔楼之间的入口

从内院看里奥哈综合体

建筑师的终极目的是将这种模式应用在连续的街区中，不同街区之间的平台和塔楼都用立体廊桥连接起来，在被交通分割的地面层之上创造一个连续和立体的空中城市体系。

新市政厅入口

2000 年之后，帕特里西奥斯公园周边社区衰退严重，为了振兴这片区域，政府决定在公园旁边修建布市的新市政厅，为市长和 1500 名员工提供办公场所的同时，拉动这个地区的发展。新市政厅（Sede de Gobierno de la Ciudad，2014）**BA24** 委托英国建筑大师诺曼·福斯特设计。

新市政厅的基地紧邻公园，覆盖了整个街区。进入建筑后是一个四层通高的大厅，四周通透的大玻璃将室内外景色连接在一起；室内四层办公楼层逐层退台，楼层中间被两个景观平台所贯穿，走道均可以有自然顶光照明。公共活动空间是完全开放和自然的，以确保各部门之间良好沟通，促进交流意识。室内的 8 米柱网模数允许使用者在后期灵活地改变布局（建筑最初计划作为城市银行总部使用），以保证政府办公的多种需求。在建筑设计中，建筑师充分考虑了生态节能设计，福斯特自己评论这个建筑时说："可持续发展与当地的资源和气候密切相关……这个建筑的屋顶就像树冠一样，可以提供遮阴，混凝土结构既具有象征意义，也具有调节温度的功能。东西两侧的遮阳板可以保护室内不受直接眩光的照射，而庭院则可以让阳光进入建筑物的中心。"这个建筑也是阿根廷第一个获得美国 LEED 绿色建筑认证银奖的公共建筑。

新市政厅

上：从高处平台看公园；下：新市政厅室内

新市政厅内廊

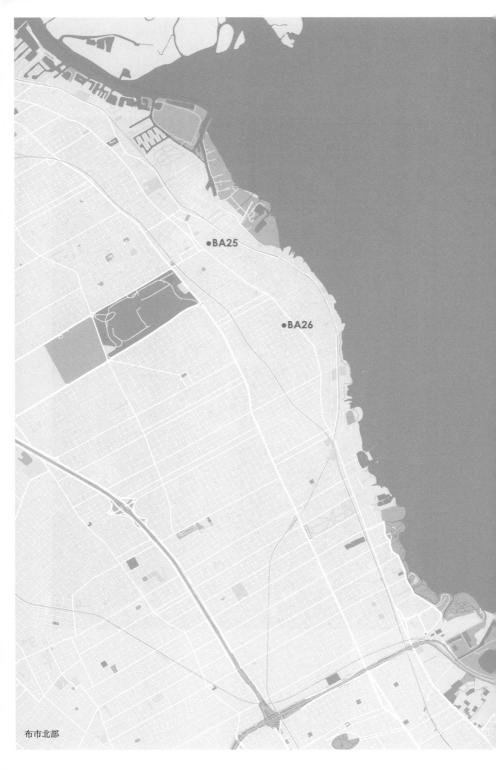

●BA25

●BA26

布市北部

布市北部

　　布市北部郊区沿拉普拉塔河一带，因为地势较高且临河，自然植被茂密，因此在历史上就是阿根廷达官显要的住所所在，今天依然是布市富裕阶层的聚居区。

　　位于圣伊西德罗区（San Isidro）的普埃雷东博物馆（Juan Martín de Pueyrredón Museum，1790）是胡安·马丁·德·普埃雷东将军的私宅，普埃雷东将军曾任拉普拉塔联省总督。这个建于 1790 年的殖民风格建筑

普埃雷东博物馆侧房

上：普埃雷东博物馆庭院；下：普埃雷东博物馆内院

普埃雷东博物馆前廊

可以帮助我们更好地理解拉普拉塔河流域现代建筑之源。阿根廷的殖民地建筑受到西班牙民居的很大影响，建筑追求简洁实用，以满足建筑基本功能为目的，外观和线脚大多是干净的几何形，与现代主义建筑所倡导的语言极为相似。这个住宅建筑上几乎没有任何装饰，除了屋檐口的一些线脚，整体上呈现出厚重的体量感，白色灰泥涂刷的外墙是殖民地建筑的标准的语言，但与朴素的建筑形成强烈对比的是慷慨的室外景观，大片的绿地和茂盛的树林环绕着这个雕塑般的建筑。这些建筑和景观语言为后来寻找阿根廷本土建筑语言的建筑师提供了灵感，例如后面要介绍的"白色房子风格"（casablanquismo）。

　　与欧洲相比，现代主义建筑进入拉丁美洲几乎没有遭受什么阻力。这个殖民地住宅可以说明一些原因，对于拉丁美洲人而言，现代主义建筑中简洁的造型语言并非陌生的事物，而是他们传统中的一部分，虽然两者并不相同。这种基于"误解"的接受也说明了阿根廷现代建筑从一开始就带有一种模糊性和矛盾性。

在博物馆的斜对面有一栋阿根廷现代建筑历史上重要的建筑维拉尔自宅（Casa Vilar, 1937）**BA25**，是建筑师安东尼奥·维拉尔为自己设计的住宅。如果没有角部的变形，这个二层住宅就是一个严格的理性主义建筑，但维拉尔将建筑的一个角部转化为一组曲线的合奏曲，打破了呆板的直角形式，为建筑带来了充满动感的形态和丰富的层次。这个合奏曲在凉棚的弧形横梁和长廊的航海栏杆中达到了高潮，轻盈巧妙地框住了水平景观，将远处的拉普拉塔河拉近。维拉尔自宅是南美洲早期现代建筑最重要的案例之一，当拉丁美洲其他地区还在尝试和探索现代主义建筑语言时，维拉尔已经设计出了这样成熟和优雅的现代主义建筑，即使以今天的眼光来评价，这个住宅依然充满动感和魅力。

维拉尔自宅角部

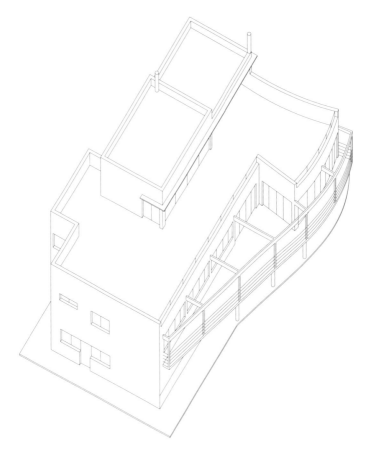

维拉尔自宅轴测图

维拉尔自宅历史照片

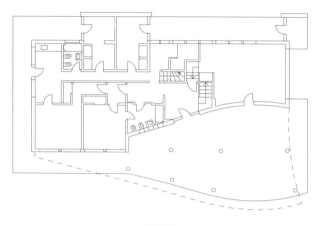

一层平面图

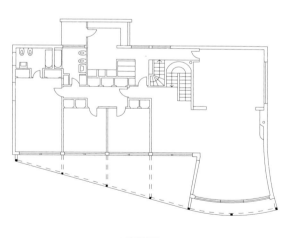

二层平面图

在这片区域还有一个重要的住宅是奥坎波别墅（Villa Ocampo，1891）。在前文中我们介绍了奥坎波在布市修建的自宅。这个别墅是她的工程师父亲为家人修建的住宅，奥坎波幼年和家人一起在这里生活。1973年，维多利亚决定将奥坎波别墅捐赠给联合国教科文组织，目前作为博物馆，收藏了大量阿根廷现代文学的珍贵文献和资料。

在维森特洛佩斯区（Vicent Lopez）拉普拉塔河滨水公园里有一个纪念亭（Monumento del Fin de Milenio）。阿根廷建筑师阿曼西奥·威廉姆斯[10]于1962年设计了这个方案，用来纪念他的父亲阿尔贝托·威廉姆斯，但这个构筑物直到2000年才建成。纪念碑由两个沿对角线布置的四边形贝壳形薄壳组成，每个薄壳由大理石基座上的一根中心柱子支撑。这种贝壳薄壳是威廉姆斯持续多年的研究主题，已经成为他的一个个人标签性设

奥坎波别墅

---

10 阿曼西奥·威廉姆斯（Amancio Williams，1913—1989）：阿根廷建筑师，拉丁美洲最重要的现代主义建筑师之一。最初就读于布宜诺斯艾利斯大学工程学院，后转入建筑系，1941年毕业后完成第一个作品——桥宅；1949年，受柯布委托，担任库鲁切特住宅的驻场建筑师；1951—1955年，受格罗皮乌斯邀请，担任哈佛大学的客座教授，并举办其个人展览。1962年，入选美国建筑师协会荣誉会员。1974年后，主要关注与城市相关的研究。

纪念亭

计。每个薄壳单元平面是正方形，厚 5 厘米，可以承受巨大的载荷，风阻力很小，并可通过中空的柱子进行内排水。由于每个单元都是一个自支撑结构，通过单元复制，就可以得到任意大的屋面。威廉姆斯在后来的很多方案中都引入了这种薄壳单元。

在布市北部马丁内斯区（Martínez）有一个非常特殊的建筑法蒂玛圣母教堂（Parroquia Nuestra Señora de Fátima，1956）**BA26** ，由阿根廷建筑师克劳迪乌斯·卡维里[11]和爱德华多·埃利斯合作完成，被认为是"白色房子风格"中最具代表性的建筑，也是阿根廷建筑开始构建自我身份的标志性起点。在 1955 年至 1965 年的十年间，一些阿根廷建筑师开始反思现代主义建筑，渴望创造一种具有当地文化特征的本土建筑，他们开始重新评估本国的殖民地建筑，并与战后欧洲对现代主义建筑的批判相结合，创造出一批谦虚、有机、温暖而独特的建筑作品，后来这种建筑被命名为"白色房子风格"。

法蒂玛圣母教堂

099

在 1955 年的欧洲之行中，卡维里参观了柯布西耶的朗香教堂，但他认为朗香教堂代表了一种虚假的虔诚，是一座缺乏人类灵性或地球联系的建筑，从而开始质疑欧洲建筑的主张是否适合阿根廷。他转向源自地中海乡土建筑的拉丁美洲殖民地建筑寻求改变，最终殖民地建筑中的白色灰泥和裸露的砖石给予了他灵感，对于他而言，这些有机材料暗示着人类与地球和周围环境的联系。在 1959 年的一次采访中，卡维里阐述了他的人文主义态度：当人类用眼泪和悲伤以及欢乐的笑声填满一个家时，就赋予了它意义。当一座建筑囊括了人类的经验，反映了人类的本质时，它就成为建筑发展的关键——家的概念。或者说，他在为人类的家园寻找一种合适的建筑语言。也正是在这一年，他开始设计法蒂玛圣母教堂。

在传统的拉丁十字教堂中，祭坛总是高高地位于中殿一端，远离信众。而这次，建筑师期望打破这种等级布局，"以基督为中心" 将祭坛放置在会众中间，教职人员与信众可以有更多互动，形成一个充满融洽氛围的社区宗教空间。幸运的是，他们碰到了开明的奥拉西奥·莫雷诺神父，他不仅委托了建筑师这个项目，而且支持建筑师看似离经叛道的想法。此外，在建筑空间和流线组织上，建筑师也一反传统教堂强调垂直空间的做法，转而关注水平空间上的联系，将上帝拉回人间和信徒之中。教堂外墙使用了带有粗糙肌理的白色灰泥，中间大厅上部坡屋顶则喷涂成砖红色，加上红砖铺地和深深退后在阴影中的门窗，都让人想起美洲殖民地建筑。此外，建筑通过上方小天窗和嵌入式窗户调节自然光，在室内空间中创造出微明微暗的宗教气氛。在此后诸多项目中，通过调节光线进入建筑内部空间的方式，结合粗糙的灰泥面，以最低的成本，卡维里创造出大量神秘的和令人迷幻的空间效果。

卡维里提出了阿根廷建筑一种可能的新方向，但他并没有设定一个终极目标。对于他而言，建筑不是没有灵魂的结构，建筑中还需要反思蕴含的意识形态和人文主义。

法蒂玛圣母教堂中殿

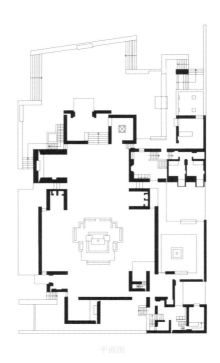

平面图

项目信息　Project Information

重点介绍建筑

BA1　玫瑰宫
P025　　Casa Rosada，1886
建筑师　　胡安·安东尼奥·布斯基亚佐（Juan Antonio Buschiazzo）
地址　　　Balcarce 50，C1064 CABA，Argentina

BA2　布市建城二百年纪念博物馆
P026　　Bicentenary Museum，2011
建筑师　　B4FS 建筑师事务所
地址　　　Av. Paseo Colón 100，C1064 CABA，Argentina

BA3　伦敦和南美洲银行
P029　　Banco de Londres y América del Sur Headquarters，1960—1966
建筑师　　克洛林多·特斯塔（Clorindo Testa）　SEPRA 建筑事务所
地址　　　Reconquista 101，C1003 CABA，Argentina

BA4　CCK 文化中心
P035　　Centro Cultural Kirchner，2007—2015
建筑师　　B4FS 建筑师事务所
地址　　　Sarmiento 151，C1041 CABA，Argentina

BA5　巴罗洛宫
P038　　Palacio Barolo，1919—1923
建筑师　　马里奥·帕兰蒂（Mario Palanti）
地址　　　Av. de Mayo 1370，C1085 CABA，Argentina

BA6　阿根廷国会大厦
P039　　Congreso de la Nación Argentina，1894—1946
建筑师　　维托里奥·梅阿诺（Vittorio Meano）
地址　　　Av. Entre Ríos，C1033 CABA，Argentina

BA7　科隆剧院
P039　　Teatro Colón，1888
建筑师　　弗朗西斯科·坦布里尼（Francesco Tamburini）
地址　　　Cerrito 628，C1010 CABA，Argentina

BA8 方尖碑

P041　Oblisco，1936

建筑师　阿尔贝托·普雷维什（Alberto Prebisch）

地址　Av. 9 de Julio s/n，C1043 CABA，Argentina

BA9 格兰雷克斯电影院

P041　Cine Gran Rex，1937

建筑师　阿尔贝托·普雷维什（Alberto Prebisch）

地址　Av. Corrientes 857，C1043AAI CABA，Argentina

BA10 圣马丁将军剧院

P042　Teatro General San Martín，1953—1961

建筑师　马里奥·罗伯特·阿尔瓦雷斯（Mario Roberto Alvarez）

　　　马塞多尼奥·奥斯卡·鲁伊斯（Macedonio Oscar Ruiz）

地址　Sarmiento 1551，C1042 CABA，Argentina

BA11 艺术家工作室

P044　Ateliers en Paraguay-Suipacha，1938

建筑师　安东尼·博内特（Antoni Bonet）　奥拉西奥·贝拉·巴罗斯（Horacio Vera Barros）

　　　亚伯·洛佩兹·查斯（Abel López Chas）

地址　Suipacha 897，C1008 CABA，Argentina

BA12 卡瓦纳大楼

P050　Edificio Kavanagh，1936

建筑师　格雷戈里奥·桑切斯（Gregorio Sanchez）　埃内斯托·拉各斯（Ernesto Lagos）

　　　路易斯·玛丽亚·德·拉托雷（Luis Maria de la Torre）

地址　Florida 1065，C1005 CABA，Argentina

BA13 西班牙美洲艺术博物馆

P052　Museo de Arte Hispanoamericano Isaac Fernández Blanco，1914

建筑师　马丁·诺埃尔（Martín Noel）

地址　Suipacha 1422，C1011 CABA，Argentina

BA14 女人桥

P059　Puente de La Mujer，2001

建筑师　圣地亚哥·卡拉特拉瓦（Santiago Calatrava）

地址　Puente de la Mujer，C1113 CABA，Argentina

BA15 雷科莱塔公墓

P061　Cementerio de la Recoleta，1821

建筑师　洛斯珀·卡特兰（Prosper Catelin）

　　　胡安·安东尼奥·布斯基亚佐（Juan Antonio Buschiazzo）改造

地址　Junín 1760，C1113 CABA，Argentina

BA16 阿根廷国家美术馆
P063　Museo Nacional de Bellas Artes，1933
建筑师　亚历杭德罗·布斯蒂略（Alejandro Bustillo）
地址　Av. del Libertador 1473，Buenos Aires，Argentina

BA17 《钢之花》
P064　*Floralis Genérica*，2002
建筑师　爱德华多·卡塔拉诺（Eduardo Catalano）
地址　Av. Pres. Figueroa Alcorta 2901，C1425 CABA，Argentina

BA18 阿根廷彩色电视台总部
P064　Argentina Televisora Color，ATC，1976—1978
建筑师　MSGSSS 建筑事务所
地址　Av. Pres. Figueroa Alcorta 2977，C1425 CABA，Argentina

BA19 阿根廷国家图书馆
P066　Biblioteca Nacional，1962—1992
建筑师　克洛林多·特斯塔（Clorindo Testa）
地址　Agüero 2502，C1425 CABA，Argentina

BA20 奥坎波自宅
P070　Villa Ocampo，1929
建筑师　亚历杭德罗·布斯蒂略（Alejandro Bustillo）
地址　Rufino de Elizalde 2831，C1425 CABA，Argentina

BA21 汽车俱乐部建筑
P074　Automóvil Club Argentino，1943
建筑师　安东尼奥·维拉尔（Antonio Ubaldo Vilar）
地址　Av. del Libertador 1850，C1425 CABA，Argentina

BA22 苏·索拉博物馆
P075　Museo Xul Solar，1993
建筑师　巴勃罗·贝蒂亚（Pablo Tomás Beitia）
地址　Laprida 1212，C1425 EKF，Buenos Aires，Argentina

BA23 里奥哈综合体
P084　Conjunto Rioja，1968—1973
建筑师　MSGSSS 建筑事务所
地址　La Rioja 1746，C1244 CABA，Argentina

BA24 新市政厅
P087　Sede de Gobierno de la Ciudad，2014
建筑师　诺曼·福斯特（Norman Foster）
地址　Uspallata 3150，C1437 JCK，Buenos Aires，Argentina

BA25 维拉尔自宅
P094　　Casa Vilar, 1937
建筑师　　安东尼奥·维拉尔（Antonio Ubaldo Vilar）
地址　　　Rivera Indarte 48, B1642IFB San Isidro, Provincia de Buenos Aires, Argentina

BA26 法蒂玛圣母教堂
P098　　Parroquia Nuestra Señora de Fátima, 1956
建筑师　　克劳迪乌斯·卡维里（Claudius Caveri）　　爱德华多·埃利斯（Eduardo Ellis）
地址　　　Libertador 13900, 1641 Martínez, Buenos Aires, Argentina

LP

拉普拉塔
La Plata

拉普拉塔鸟瞰

1882 年，阿根廷政府宣布在布市南部建立拉普拉塔市（La Plata），作为布宜诺斯艾利斯省的省会，而布市则成为阿根廷的首都特区。拉普拉塔城市规划由建筑师兼工程师贝诺特·佩德罗主持，采用严格几何规划和中轴线来表达新兴民族国家的形象，并借鉴了当时欧洲最先进的理性规划和卫生城市理论。城市总平面是一个完美的正方形，以正交网格形成城市骨架，中轴线上布置了政府和公共建筑，主轴的一端指向拉普拉塔港方向的城市公园和保留绿地，两翼布置住宅和其他民用建筑；正方形每边等分为 36 份构成城市基础框架，沿正方形的对角线设置大街，在组团内部设置市民公园或者广场，相互之间有对角街道连接。拉普拉塔是拉丁美洲第一个按照现代规划原则建成的城市，也是拉丁美洲第一个使用电力照明的

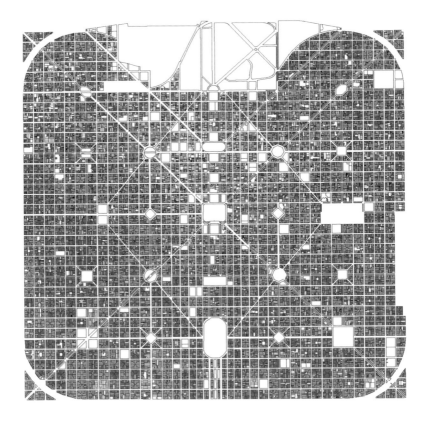

拉普拉塔城市平面图

城市。拉普拉塔的建设一方面借鉴历史上的城市规划传统，例如，西班牙殖民城市布局、巴洛克城市规划中的大轴线，以及文艺复兴城市结构等；另一方面引入当时最先进的卫生城市规划理念，在方格网城市骨架上开辟对角线街道用于城市风道，分组团设置公共公园和广场，兼做安全、隔离和净化场所。与今天的城市相比，拉普拉塔的这些城市建设措施或许了无新意，但在19世纪末，世界上大部分城市的人还生活在黑暗中，在缺乏

拉普拉塔中轴线

基本设施的情况下，就能理解当时的拉普拉塔带给世界的震撼了。1889年，拉普拉塔城市获得了巴黎世界博览会的最高奖，被称为"儒勒·凡尔纳之城"（Jules Verne，未来之城）。但随着20世纪初技术飞速发展和新型交通工具出现，拉普拉塔渐渐既无法保持最初理想的城市形态，也无法满足现代城市的需求，最终并没有如人们期望的那样成为一个20世纪的城市典范，而只是时代巨变下的一种过渡性产物。

库鲁切特住宅

在城市中轴线的一端，坐落着现代主义建筑杰作库鲁切特住宅（Casa Curutchet，1948—1954） **LP1** ，由建筑大师柯布西耶设计，这是他在南美大陆唯一建成的项目。佩德罗·库鲁切特是阿根廷著名的外科医生，1948 年，库鲁切特找到柯布西耶，希望委托他在拉普拉塔为自己设计一栋住宅。令人意外的是，柯布西耶不仅接受了这个很小的项目委托，并在这个小住宅中集成了几乎全部的个人建筑细节语言。为何柯布西耶花费如此大的心力来完成这样一个小住宅呢？

1929 年，柯布西耶决定访问拉丁美洲的一个最初的重要原因就是希望获得更多的项目委托，尽管这次访问为他在拉丁美洲获得巨大声誉和众多的崇拜者，但一直没有拿到项目委托。在他第一次访问拉丁美洲的前一年，维多利亚·奥坎波就委托他设计自己在布市的住宅，柯布西耶很快将一个没有建成的方案整理好发出，但最终如前文所述，奥坎波没有采用这个方案。此后，奥坎波还非正式地委托了柯布西耶几个项目，而柯布西耶保持着一贯的风格，非常认真地用不同概念方案不停地轰炸业主，但都没有结果。奥坎波介绍的朱利安·马丁内兹也曾委托柯布西耶设计一个住宅，1930 年，柯布西耶给马丁内兹写信并附上了设计图纸，并写信邀请阿根廷建筑师安东尼奥·维拉尔作为项目的现场建筑师，但这个项目也没有被采纳。几乎与此同时，智利驻阿根廷大使马蒂亚斯·埃拉苏里斯也委托柯布设计自己的住宅，但同样没有建成。1937 年，阿根廷人豪尔赫·法拉利·阿尔多伊和胡安·库尔坎从布宜诺斯艾利斯大学毕业后，来到柯布西

左：库鲁切特住宅顶层平台；右：库鲁切特住宅立面遮阳板

113

从平台看起居室 ●

耶的巴黎工作室工作，协助推进布市的总体城市设计方案。布市政府并没有委托柯布西耶这个项目，而是柯布西耶自己的设想，他希望在新大陆实现在欧洲无法实现的理想城市梦想。1947 年，他的方案几乎就要实现了，布市政府成立了专门委员会来研究他的方案，而豪尔赫·法拉利·阿尔多伊是这个委员会的执行负责人。但一年后，整个事情就陷入了漫长的官僚辩论，柯布西耶的希望再次破灭。恰在此时，库鲁切特医生委托了小住宅项目，对于柯布西耶而言，这个项目也许可以敲开拉丁美洲之门。

1949 年，柯布西耶完成设计初稿，随后邀请了阿根廷建筑师阿曼西奥·威廉姆斯作为项目现场建筑师。这个决定不仅确保了这栋建筑高水平的施工，而且阿曼西奥·威廉姆斯对于设计的一些本地化调整也为这栋建筑增色不少。从某种意义而言，这栋建筑应该是两人合作完成的作品。

基地位于城市中轴线北端的一个狭长地块中，参照阿根廷传统的香肠屋建筑类型，柯布西耶用天井将建筑分为前后两部分，中间以坡道连接。前部的建筑布置了库鲁切特医生的办公室、候诊室和外科手术室。这个体

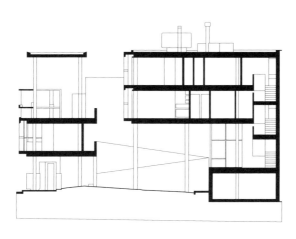

剖面图

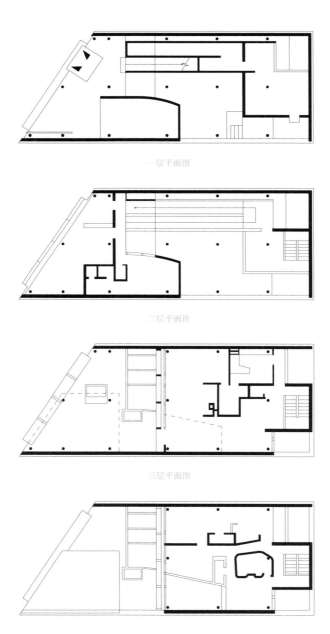

一层平面图

二层平面图

三层平面图

四层平面图

左上：库鲁切特住宅坡道；右上：一层后部看入口坡道；左下：顶层居住空间走廊；右下：从夹层门厅看庭院

量位于二楼，通过坡道进入，地面层设置了一个车位。后部地面层为机房和服务设施，从位于夹层的住宅门厅通过楼梯可以上二楼的客厅、厨房等生活公共区域。尽管医生一家人的生活区被布置在基地后部，但两层高的客厅为居住者提供了开阔的视野，穿过庭院和前方露台可以看到基地前方公园的景色。三楼有三间卧室和曲线形卫生间。住宅由钢筋混凝土建造，使用架空柱作为主要结构支撑。为了使住宅与周边建筑协调，立面使用遮阳板和钢筋混凝土屋顶覆盖了部分屋顶花园。为了将自然引入建筑中，柯布西耶在中间庭院中种植了一棵小树苗，而今已郁郁葱葱，像绿伞一样为庭院提供遮阳。此时的柯布西耶正在倡导综合艺术，因此他邀请了阿根廷抽象主义运动雕塑家恩尼欧·约米创作了一个混凝土雕塑《连续形式》（*Continual Forms*，1953），放置在住宅底层花园中。

今天，这个住宅到拉普拉塔国立大学建筑学院步行只有 5 分钟，而拉普拉塔国立大学正是我访学的大学，访学教授的身份允许我自由进入这个住宅。第一次参观这个建筑时，两位建筑学院教授说："在你结束访学回中国前，我们应该再来一次，看看你在这个建筑中找到了多少个秘密。"

为了完成这个任务，我在不同的季节、天气和时间段里游走在这个建筑里，像居住者一样，让身体渗透整个建筑和环境中，在这种状态下体验建筑视觉品质以外的东西。这个住宅里充满了容易被人忽视，但经过精心设计的细节。位于夹层入口门厅中的楼梯休息平台没有直接搭接在对面墙体之上，而是与墙体之间留有 10 厘米缝隙，当楼上的自然光或灯光漏下，形成一道光隙，点亮常年处于阴影之中的门厅。在二楼厨房，打开灶台下的壁柜门，会发现壁柜里是明亮的，因为灶台上部的窗户一直落到壁柜底部，在白天自然光会进入壁柜。三楼的洗浴间内，白天会充满柔和的光线，顶部圆形的磨砂玻璃天窗和楼板之间有一个空隙，用于通风。立面遮阳板的截面不是一个长方形，而是类似一个凸透镜，在雨天，长边中间微微鼓起的曲线保证遮阳板上不会积水，而在强烈的日光下，又使落在遮阳板上的阴影边缘柔和多变。在这个住宅里，随处可见的类似细节使建筑像一个精致的手工艺品，贴心地包裹住里面的使用者。在拉丁美洲现代建筑中，如此充分考虑建筑细节和关注用户的案例并不多见，而能达到库鲁切特住宅这样完成度的案例可以说几乎没有。

　　但这个住宅从开始建造那一刻就命运多舛。在建造过程中，由于预算和工期问题，库鲁切特医生不断更换施工负责人，后来几乎要停止投资建造，如果不是阿曼西奥·威廉姆斯的坚持和劝说，这个住宅很可能不会完成。但这个现代生活的容器与阿根廷传统中产家庭的生活习惯并不匹配，库鲁切特医生一家入住不久后就搬离了。其后，在阿根廷动荡的政治和经济局势中，这个住宅一直处于废弃状态，直到 20 世纪 80 年代，才被研究者重新发现，目前由阿根廷布宜诺斯艾利斯建筑师协会负责日常管理和维护。

项目信息　Project Information

重点介绍建筑

LP1	**库鲁切特住宅**
P112	Casa Curutchet，1948—1954
建筑师	柯布西耶（Le Corbusier）
地址	Av. 53 320，B1900BAU La Plata，Provincia de Buenos Aires，Argentina

MP

马德普拉塔

Mar del Plata

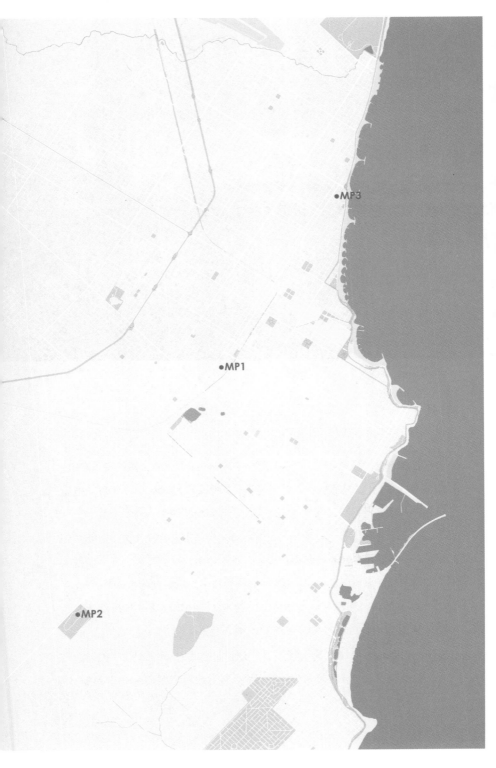

马德普拉塔城市景观

马德普拉塔城初建于1874年，是一个距离布市约400公里的海边小镇。
20 世纪 30 年代，马德普拉塔以赌场和宁静的海滩而闻名；40 年代，当连
接布市的铁路建好后，马德普拉塔迅速成为阿根廷最受欢迎的度假地。每
年一、二月是阿根廷的夏季，大批布市市民会举家来这里度假。面朝大西
洋的马德普拉塔距离拉普拉塔河很远，处于拉普拉塔河流域之外，但在这
个安静平和的度假小城里，隐藏着一些拉普拉塔河流域重要建筑师的作品。

　　28 岁的阿曼西奥·威廉姆斯刚毕业不久，就为父亲——阿根廷著名
的作曲家和指挥家阿尔贝托·威廉姆斯，建造了桥宅（溪上住宅，Casa
Sobre el Arroyo，1943）**MP1**。这个建筑是公认的 20 世纪拉丁美洲现代
主义经典建筑之一，也是阿根廷最重要的现代建筑杰作。基地占地约 2 公

上：桥宅屋顶；下：桥宅

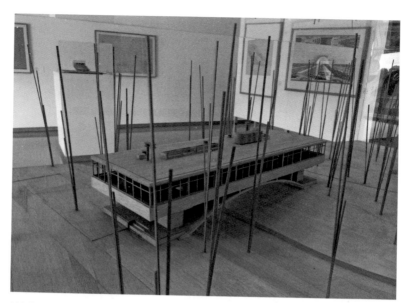

桥宅模型

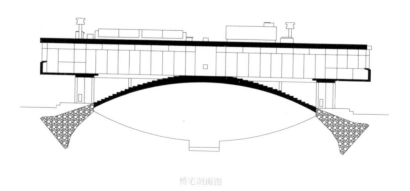

桥宅剖面图

桥宅下部的拱

室内楼梯

顷，一条溪流将植被茂密的地块一分为二。威廉姆斯将建筑置于溪流之上并非仅仅出于形式上的考虑，在开始设计前，他对基地内部的树木进行了定位和编号（共有 121 棵树），选择这个位置建造对自然干扰最少，仅需砍伐一棵树。威廉姆斯认为建筑空间不应与自然抵触。

建筑的外形极为简单，一个横跨于溪流之上的混凝土拱（跨度 18.3 米，厚度为 22 厘米）支撑着一片长方形混凝土楼板（27 米 ×9 米），与四周环绕的带状窗户和屋面一起构成一个长方体盒子。底部横跨小溪的钢筋混凝土拱两端锚固在混凝土筒上，以抵消拱的侧向推力，两端的混凝土筒也是建筑两侧的入口，其中一个内部是卫生间，而另一个是杂物室。从房子的底部，沿着拱形结构拾级而上到二层，从楼梯两侧向外可以看到周边的溪水和树林。二层分为两部分，一部分是楼梯、开放的起居室，以及餐厅

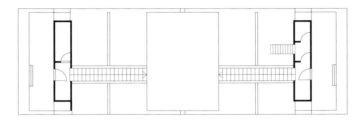

一层平面图

二层平面图

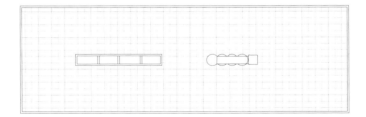

屋顶平面图

和音乐室，另一部分布置了厨房、三间卧室和两间卫生间。建筑二层四个立面是完全一致的，在1米高的钢筋混凝土梁上安装通长的条形窗，作为围护结构，屋面完全独立于外部围护结构，由一系列围绕着壁炉、壁橱和服务空间的墙支撑。连续的条形窗为居住者提供了无遮挡视线，将室外的自然和室内空间完全融合在一起。对于建筑外表面，威廉姆斯进行了许多测试，最终的处理方法是先用凿锤敲打混凝土表面，再用酸液处理，以去除过于突兀的人工痕迹。为什么要花这么大的力气来处理表面肌理？这一点或许只有在现场才能理解，当不断变动的阳光穿过树丛照射在建筑表面，摇曳的阴影和光斑让一切都无须语言来解释了。

这个早期拉丁美洲现代主义建筑以优雅的造型、精巧的结构和极高的完成度达到了那个时代的最高水准。桥宅忠实地遵循了柯布西耶现代主义建筑五点原则，但是以完全不同方式实现。威廉姆斯认为自己的方式更胜一筹，在这里结构、形式和品质合为一体，"没有一克混凝土是多余的"。

建成后的桥宅于1968年被威廉姆斯的家人出售，后经历了两次大火（最后一次在2004年），建筑内部几乎全部被毁。2005年后，政府和民间机构开始介入这个建筑的保护工作。2016年，阿根廷政府宣布这个建筑为国家历史纪念物。

阿根廷国立马德普拉塔大学建筑学院距离桥宅只有两三个街区，参观完这个建筑，我问陪同的本地教授："为什么威廉姆斯的第一个作品就能取得如此成就？一般来说，一位成熟的建筑师需要大量实践积累，才能创造出好作品。"马塞洛教授想了一下，认为只能用天赋来解释。这个答案并没有错，因为用时代精神、家庭、经济和教育背景等因素来解释会很牵强，但我想也许并不存在某种决定性因素，而只是一系列偶然因素的汇聚。时至今日，这个问题依然飘在空中，成为一个研究的悬置动力。

马德普拉塔墓园鸟瞰

国外的城市墓地被认为是一种异质空间，日常生活空间发生断裂之处，这也是我个人感兴趣的主题，本书会介绍 3 个墓园（雷科莱塔公墓 **BA15**、马德普拉塔墓园 **MP2**，以及北部公墓 **MO6**）。

马德普拉塔墓园（Cementerio Parque de Mar del Plata，1961）由阿根廷建筑师奥拉西奥·巴列罗[12]和妻子卡门·科尔多瓦合作设计。巴列罗为公墓项目提供了一个景观的解决方案，利用地形和台地来组织整个墓园的

---

12 奥拉西奥·巴列罗（Horacio Baliero，1927—2004）：阿根廷建筑师，年轻时在布宜诺斯艾利斯大学建筑和城市学院求学，1950 年与阿根廷建筑历史学家和建筑师弗朗西斯科·布尔里奇、胡安·曼努埃尔·博尔塔加雷、豪尔赫·戈尔登贝格德和他的妻子一起成立现代建筑组织（OAM）；1963 年入职布宜诺斯艾利斯大学建筑和城市学院；1966 年，独裁军政府上台后，因政治原因被迫离职；1983 年民选政府上台后，回学校继续任职。

墓园总平面图

鲜花亭顶部

流线，同时在墓园中心形成公共活动中心。除了与自然的完美结合，巴列罗还设计了一些小型建筑，均采用暴露肌理的混凝土材料建造，自然植物与粗糙的混凝土建筑之间形成了一种特殊的对比，不同于巴西建筑中宏大的纪念性，而是更加谦逊地贴近大地。

墓园的入口左侧是一个向祭奠人群售卖鲜花的空间，上部以巨大的钢筋混凝土结构覆盖，被称为鲜花亭（Quiosque de Flores）。亭子由两个双曲线抛物面连接成一个连续面，每个双曲抛物面尺寸是 22.5 米 × 26.5 米。双曲抛物面外侧 5.8 米，向内逐渐下降，在 2.05 米的高度，连续面分裂为 4 个支脚，插入下方水池。这个设计避免了雨水在屋面上积聚，可以沿着屋面流入下方水池；此外，在晴天的时候，阳光可以穿过这些裂缝进入亭子下方，照亮底部稍显昏暗的空间。站在亭子中间，可以视野开阔地看到前方山谷中像梯田一样随着地形起伏的墓地。

鲜花亭外景色

鲜花亭支脚细部

　　离开鲜花亭，顺着主路到达下一站献祭亭（Teto de Homenagens），一个屋顶面积约 640 平方米的钢筋混凝土构筑物，其功能是为到达葬礼广场的告别队伍提供遮蔽。这个结构的立面是一个不对称 T 形结构，中间两个支柱支撑着悬挑出去的两翼。两个柱子的截面是 6 米 ×3.5 米，高度 5 米，每个柱子顶部边缘支撑 2 个横梁，横梁与 4 个纵梁垂直相交，纵梁向两侧悬挑出去，最短悬挑 10 米，最长是 17 米；所有的梁高都是 2.4 米左右，17 厘米厚。事实上，献祭亭和门口的鲜花亭在拓扑意义上是一样的，都是两个支点支撑起一个巨大的屋顶，只是结构和形式的实现方式不同。尽管献祭亭使用了大面积的钢筋混凝土，但从远处看，厚重的屋顶却呈现出轻盈的效果，而当送葬队伍的人站在亭子下时，上部尺寸近乎夸张的建筑构件（梁、柱和板）会带来一种沉重的感觉，从而使人产生微妙的心理变化。

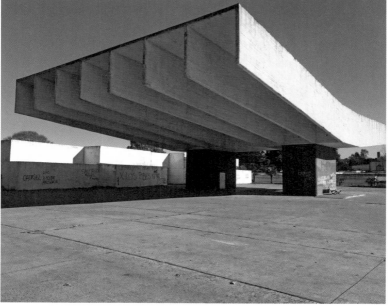

上：献祭亭；下：献祭亭侧向

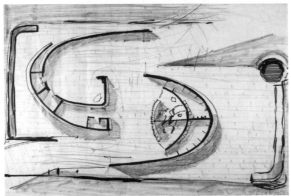

上：犹太小教堂；下：设计草图

小教堂

祭献亭北侧有一座小教堂，由两片类似中国传统建筑屋顶的曲面组成，曲面间的空隙为下部教堂祭坛空间提供采光。在基地东北角还有一座小型的犹太教堂，仅有 200 平方米，由两组相错的且高度不等的曲线墙体构成，室内空间变化丰富。

这个公墓项目中包含了诸多可以延伸的当代建筑主题：地形、景观、形态、结构、情感等。在所有相关评价里，我最喜欢这句总结：这是一个将诗意和大地完美结合的整体设计。

在马德普拉塔的海边，布宜诺斯艾利斯当代艺术博物馆（Buenos Aires Contemporary Art Museum，2013）**MP3** 像巨大的岩石一样面向大海。2009 年，马德普拉塔举办当代艺术博物馆的竞赛，旨在通过设计来丰富本地的社会和文化生活。在超过 200 份竞图中，Monoblock 建筑事务所赢得了这个项目。建筑设计采用了模数策略，由相同的尺寸的正方体组合而成，每个正方体之间留有一定的间距，相对独立，每个单元建造完成后，就可立刻投入使用。每个单元的最高一层是大而开敞的展览空间，通过顶层自然光照明，四面墙壁则保持封闭以便布展；底层空间则被用于复杂的小型服务空间，同时对城市开放，形成内外连通的公共空间，以便举办各种文化活动。单元之间的交通空间被精心设计，通道的尽头是建筑唯一的开洞，透过落地玻璃窗可以看到城市和大海。

上：布宜诺斯艾利斯当代艺术博物馆；下：布宜诺斯艾利斯当代艺术博物馆室内

项目信息　Project Information

重点介绍建筑

MP1　桥宅（溪上住宅）
P122　Casa Sobre el Arroyo，1943
建筑师　阿曼西奥·威廉姆斯（Amancio Williams）
地址　Quintana 3998 esquina Funes，7600 Mar del Plata，Provincia de Buenos Aires，Argentina

MP2　马德普拉塔墓园
P129　Cementerio Parque de Mar del Plata，1961
建筑师　奥拉西奥·巴列罗（Horacio Baliero），卡门·科尔多瓦（Carmen Cordova）
地址　Avenida Norberto Centeno 5000，Mar del Plata，Provincia de Buenos Aires，Argentina

MP3　布宜诺斯艾利斯当代艺术博物馆
P135　Buenos Aires Contemporary Art Museum，2013
建筑师　Monoblock 建筑事务所
地址　Avenida Félix U. Camet，López de Gomara &，Mar del Plata，Provincia de Buenos Aires，Argentina

RO

罗萨里奥

Rosario

●RO3
●RO4

国旗广场
●RO1

独立公园
●RO2

●RO5

罗萨里奥滨水景观

　　罗萨里奥是阿根廷圣达菲省最大的城市，位于布宜诺斯艾利斯西北300公里的巴拉那河西岸。罗萨里奥地形平整，城市采用整齐统一的方格网布局，巴拉那河绕着城市的东部和北部流过，为城市提供了一条美丽的滨水带。1812年，阿根廷国旗在这里第一次升起，为了纪念这一历史事件，政府于1937年在市中心修建了国旗广场，由阿根廷建筑师安赫尔·圭多和亚历杭德罗·布斯蒂略设计。对于世界上其他地区的人来说，罗萨里奥这座城市也许很陌生，但如果说它是 20 世纪革命旗手切·格瓦拉和足球巨星梅西的故乡，那么大多数人会立刻感到亲切和熟悉。因为拥有铁路、公路和内陆港口，罗萨里奥和科尔多瓦、布市一起组成了阿根廷最重要的经济带。良好的经济基础吸引了大量的人才，而大量受过良好教育的中产阶级为建筑文化的发展奠定了社会基础。在阿根廷，布市是整个国家的政治、经济、文化等中心，但罗萨里奥是阿根廷现代建筑的中心。

20 世纪 60 年代，阿根廷建筑师开始反思现代主义建筑，努力寻求属于阿根廷自身的建筑设计道路，其中就有前面提到的"白色房子风格"。罗萨里奥也有一批建筑师，他们更倾向于赖特的有机建筑，并利用砖这种本地材料进行了大量尝试，这批建筑师被称为"罗萨里奥小组"（Grupo Rosario）。进入 20 世纪 90 年代后，由于不满后现代主义建筑的泛滥，罗萨里奥一批年轻的建筑师自发组织起来，并邀请欧洲大师来举办讲座和交

国旗广场

左：阿尔塔米拉公寓立面；右：阿尔塔米拉公寓街景

流，形成了一个松散的建筑交流中心，他们也被称为"罗萨里奥小组"，他们的建筑活动不仅影响了阿根廷本国建筑师，而且影响了周边国家的年轻建筑师，很多当今著名的拉丁美洲建筑师都受益于此。从某种程度上讲，2000 年前后，罗萨里奥是南锥体的建筑中心。

　　阿根廷建筑师拉斐尔·伊格莱西亚[13] 是第二个罗萨里奥小组的核心成员。伊格莱西亚的叔叔是本地一位成功的建筑师，但他认为从叔叔那里什么都没学到，相反，他自己从阿根廷著名的文学家博尔赫斯和罗伯特·阿

---

13 拉斐尔·伊格莱西亚（Rafael Iglesia，1952—2015）：阿根廷建筑师，1981 年毕业于阿根廷罗萨里奥国立大学。之后与罗萨里奥的其他建筑师一起创立了第二个"罗萨里奥小组"，这是激活阿根廷当代建筑的重要运动。在国际建筑界广受认可，曾获第二届密斯·凡·德·罗拉丁美洲建筑奖（2000）、第四届伊比利亚美洲双年展的第一名（2004）等。拉斐尔·伊格莱西亚既是一位建筑师，又是一位建筑思想家，他的整个职业生涯都反映了一种非常个人化的、敏锐的目光。

尔特那里学到了更多的东西。伊格莱西亚对于建筑界最新的思想或材料没有兴趣，他为数不多的建成作品关注和讨论的是建筑的重力问题。

在市中心附近，伊格莱西亚设计了阿尔塔米拉公寓（Edificio Altamira，2001）RO1。项目基地长约 18 米，宽约 10 米，是典型的阿根廷住宅地块尺寸。建筑师没有采用常规的"香肠屋"的做法，而是将基地一分为二，一边布置 13 层高的公寓楼，一边开放作为底层庭院，上部悬挑阳台，竖向交通筒放在基地后部。建筑的逻辑简单清晰，各部分构件都可以被视为是梁的变体，建筑师自己解释："（梁）可以变成墙、窗、门等任何东西，它们会'扮演'任何一种角色，而角色的定义取决于其在空间中的位置……"建筑临街立面由与层高等高的梁经过错动构成的墙体构成。此外，建筑混凝土外墙上喷涂了白色涂料，这种做法与"白色房子风格"建筑相似，但又有所差异。与直接呈现白色灰泥的粗糙肌理不同，

阿尔塔米拉公寓阳台

上：独立公园馆；下：原木支柱

白色涂料会在粗糙的混凝土肌理上形成一层光滑表面，底层肌理若隐若现，外墙同时呈现出两种对立的特性，而且也起到防水作用。在罗萨里奥，这种做法非常常见，也被用于砖的表面处理。因此，这座建筑很好地融入社区环境之中。

在罗萨里奥独立公园，伊格莱西亚设计了独立公园馆（Pabellones Parque Independencia，2003）**R02**。建筑由两部分组成，一部分是公共厕所、办公室和更衣室，另一部分是室外厨房和举办活动时的休息室。建筑师对于基地的第一印象是强烈的阳光与树林荫翳之间的对比，希望表达出光线和阴影之间戏剧性的变化。这个作品中有一段开放走廊，其混凝土

斯克里马利奥砖宅

屋顶直接由一排自然的树干支撑，这些前景中带着粗糙树皮的树干与背景中的树干重叠和融合在一起，形成了一种空间上的视错觉，导致厚重的混凝土屋顶似乎漂浮在深色的树林背景之上，伊格莱西亚以这样的方式消除了屋顶的重力感，继续讨论他所关注的重力主题。

　　在罗萨里奥长途汽车站附近有两个"砖宅"，一个是第一代罗萨里奥小组的核心建筑师豪尔赫·斯克里马利奥设计的砖宅（la casa Alorda，1968—1973）**RO3**，另一个是年轻建筑师迭戈·阿拉伊加达设计的砖宅（Brick House，2012—2014）**RO4**，相隔近半个世纪，但相距不过数个街区的这两个建筑之间有着明显的传承关系。

阿拉伊加达砖宅

　　近年来阿根廷的经济发展缓慢，通货膨胀加速，银行贷款困难，这导致即使小型项目也无法预估较为准确的造价和建设周期，而建造方面的变数更大。建筑的好坏最终很大程度上取决于建筑师是否能够快速、灵活地应对基地上出现的问题，使建造过程不会失控。

　　阿拉伊加达在设计一开始，就使用环境模拟软件工具确定最大化利用自然采光和通风等环境因素，再利用参数化工具，以标准砖的尺寸为模数，计算出墙面上每一块砖的位置，以及墙面开洞的砌法。尽管有如此精准的数据，当施工用砖运到现场的那一刻，这个项目还是差点被摧毁，运到工地上的砖的长度全部小了 2 厘米。对于这样一个使用砖砌法来塑造建筑表皮的设计，每块砖叠加出的误差是致命的，足以导致建筑完全走样。最简单的解决方法是换一批尺寸正确的砖，但这却是一件不可能的事情。首先，换一批砖可能需要一个月时间，而工地上已经待命的建造机械和工人每天要支付大量费用；其次，即使砖厂答应更换这批砖，以建筑师的本地经验判断，下一批运来的砖也不一定符合要求。在这样的情况下，参数化工具发挥了作用，在很短时间内，设计团队基于现有砖的数量和尺寸，调整方案，确保施工正常进行。在建造过程中，设计团队为每一层砖都出了砌筑的平面图，但没有一次性交给工人这些图纸，而是等砌完一层砖，再给下一层砖的砌法图纸。这样的做法是为了避免不熟练的工人对复杂的形式产生畏惧，并确保工人砌筑的精确性。在某种程度上，这样的建造方式类似手动的3D打印。

对阿拉伊加达而言，虽然阿根廷是发展中国家，或者落后地区缺乏高科技设备，但这并不意味着新的设计工具就没有意义。他需要根据不同地区的现实状况，判断如何充分利用这些工具的特点，并在合适的设计和建造阶段介入。阿拉伊加达的砖宅是一个实验性作品，建筑师采用历史建筑的形式语言和材料，向罗萨里奥传统致敬的同时，辅以新技术来探索一种适应本地现实条件的建造模式，以抵消来自市场、建造周期与预算的压力。

阿拉伊加达砖宅细节

阿拉伊加达砖宅室内

阿拉伊加达砖宅顶层露台

罗萨里奥市南部有一个以阿根廷著名教育家和社会活动家罗莎·齐佩罗维奇命名的社区。鉴于城市南部地区发展迅速，缺乏必要的公共服务设施，2000 年，政府决定在这个社区修建一个行政中心（Centro Municipal Distrito Sur "Rosa Ziperovich"，2000） **RO5** ，并邀请了葡萄牙建筑师阿尔瓦罗·西扎设计方案，这个项目是西扎在南美洲的第一个作品。

在这个项目中，西扎拒绝了公共项目的诱惑，没有设计一座表达个人风格或者表达纪念性的建筑，而是顺应周边的环境，设计了一个谦虚的建筑。基地占地面积约 8000 平方米，周边是低层社区，建筑高度均在 6 米以下，因此西扎将行政中心设计为沿水平向展开的一层白色建筑，安静地融入社区。建筑分为行政区和文化区，各占一半的基地面积。行政区的建筑紧贴基地周边布置，在中心形成一个内部庭院；文化区有一个可容纳 200 人的礼堂和一个工作坊。建筑主要入口位于两个区域之间，庭院四周的建筑立面采用落地大窗，将室内外连为一体。建筑内部沿庭院布置环廊，将各个办公区联系起来，简洁的交通流线不会给访客造成困扰。建筑内部主要流线和空间节点充分利用了自然光，除了节能外，变化的太阳光赋予室内空间一种动感。

这像是一个放大的西班牙庭院建筑，外部看是一座白色的城堡，庇护着内部的人和日常生活。对于西扎的作品，我们总是期待视觉上的惊喜，然而，这个建筑却是一座普通而平凡的建筑，当站在这个建筑的广场中间环顾四周时，会深刻地体会到这栋建筑充满了对普通人的温情。

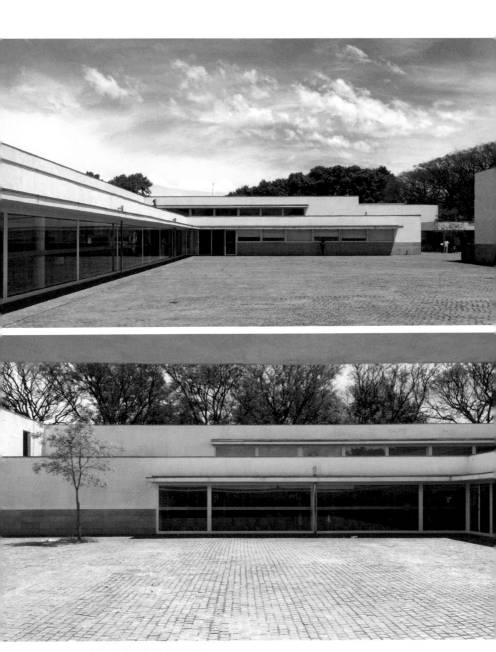

上：行政中心庭院；下：从内廊看庭院

上：内廊转角；下：内廊

项目信息　Project Information

重点介绍建筑

RO1　阿尔塔米拉公寓
P143　　　Edificio Altamira，2001
建筑师　　拉斐尔·伊格莱西亚（Rafael Iglesia）
地址　　　Calle San Luis 470 S2000BBB Rosario, Santa Fe Province, Argentina

RO2　独立公园馆
P144　　　Pabellones Parque Independencia，2003
建筑师　　拉斐尔·伊格莱西亚（Rafael Iglesia）
地址　　　S2000 Rosario, Santa Fe Province, Argentina

RO3　砖宅
P145　　　la casa Alorda，1968—1973
建筑师　　豪尔赫·斯克里马利奥（Jorge Scrimaglio）
地址　　　Lavalle 876, S2002RGB Rosario, Santa Fe Province, Argentina

RO4　砖宅
P145　　　Brick House，2012—2014
建筑师　　迭戈·阿拉伊加达（Diego Arraigada）
地址　　　San Luis 3468, S2002OSF Rosario, Santa Fe Province, Argentina

RO5　行政中心
P150　　　Centro Municipal Distrito Sur "Rosa Ziperovich"，2000
建筑师　　阿尔瓦罗·西扎（Alvaro Siza）
地址　　　Uriburu 637 1627 Rosario, Santa Fe Province, Argentina

乌拉圭
URUGUAY

拉普拉塔河 RÍO DE LA PLATA

① 蒙得维的亚 MONTEVIDEO

MO

蒙得维的亚
Montevideo

蒙得维的亚（下文简称蒙城）是乌拉圭的首都，位于拉普拉塔河的东北岸。蒙城始建于 1726 年，比大多数拉丁美洲的主要城市的建设晚了大约两个世纪。其建城目的是作为西班牙帝国和葡萄牙帝国之间的缓冲区，早在 1680 年，葡萄牙人就在布宜诺斯艾利斯对岸的科洛尼亚·德尔萨克拉门托（Colonia del Sacramento）建立了自己的殖民地。

　　1825 年乌拉圭独立后，制宪和立法大会颁布法令，命令拆除蒙城的防御工事，一方面是因为原殖民城市的规模限制了城市发展，另一方面是通过扩大城市面积来增加可出售土地，为新生的国家筹措资金。1836 年，负责拆除城墙的何塞·玛丽亚·雷耶斯中士设计了新城市，采用了和老城一样的棋盘式布局向外扩展。但不久，乌拉圭陷入长期的战争中，直到 1851 年才重归和平。经历战争创伤后的蒙城开始高速发展，19 世纪末蒙城的人口增长了 9 倍多，城市已经达到了饱和状态，迫切需要新的扩建，同时也需要提升现有城市的品质。1891 年，蒙城启动了城市扩建计划，奠定了今日城市的基本框架。在这一转变时刻，国外的移民发挥了重要的作用，他们带来了知识、艺术、技术和资金，以及那时欧洲盛行的建筑风格。

　　20 世纪 20 年代，由于乌拉圭总统何塞·巴特列·奥多涅斯的开明政治，乌拉圭进入了一段繁荣、乐观和平衡的发展时期，这一时期的建筑也反映了国家现代化和进步政治的状态。大约在同时期，蒙城出现了现代建筑，并迅速得到了政府和私人企业的支持，这是城市建筑风貌的第一次重大转变。一批训练有素的学院派年轻建筑师将现代风格融入古典建筑语言中，塑造了乌拉圭现代建筑的基本特征：严肃的实践态度和关注社会问题的倾向。现代建筑与城市改造的目的一样，都是为乌拉圭及蒙城寻求一种新的和现代的身份认同，一些新建建筑清晰地表达了这种努力，如位于蒙城中央的巴特勒公园（Parque Batlle），为举办世界杯而建造的百年体育场（Estadio Centenario，1929—1930），由胡安·斯卡索设计；体育场旁边是百年纪念大厦（Edificio Centenario，1929），一个受荷兰表现主义影响的 12 层商业大楼，由奥克塔维奥·德·洛斯·坎波斯、米尔顿·普恩特和希柏里多·图尼耶设计；此外还有胡里奥·维拉马乔设计的一个集办公室、公寓和电影院为一体的综合体建筑（Almaceneros Minoristas, 1929）。

蒙城建筑风貌的第二次重要转变发生在20世纪中期。一方面，二战后的电影和电视等大众媒体的普及使得现代建筑迅速进入大众日常生活；另一方面，乌拉圭国内经济结构的改变使大量的企业和私人资金都在寻找新的投资领域，而地产成为市场的偏好。这些情况加速了蒙城建筑的转变，涌现出来一批建筑师，他们在不同方面展开了探索，建筑师劳尔·西切洛和路易斯·加西亚·佩德罗充满创意地整合各种建造技术；马里奥·佩斯·雷耶斯与艺术家华金·托雷斯·加西亚合作设计了充满整合艺术气息的建筑；而埃拉蒂奥·迪埃斯特则发明了独特的配筋砖砌体结构，在大量工业建筑中使用。

这一时期的重要建筑有拉兰布拉海滨项目（La Rambla），劳尔·西切洛设计的拉哥雷塔项目（La Goleta, 1952）和泛美大厦（Panamericano, 1958—1964），加西亚·巴莱多设计的埃尔比拉尔公寓（Edificio el Pilar, 1957—1959），以及在老城区的吉尔别公寓（Edificio Gilpie, 1955）和波西达诺大楼（Edificio Positano, 1957—1963），吉列尔莫·琼斯·奥德里奥佐拉和弗朗西斯科·毕耶加斯·贝罗设计的莫纳克大楼（Edificio Monaco, 1953）。此外，在二战后福利国家政策的推动下，度假成为一个产业，沿着乌拉圭东海岸出现了大量的度假村，其中不乏优秀的居住建筑，如吉列尔莫·琼斯·奥德里奥佐拉和弗朗西斯科·毕耶加斯·贝罗设计的彩虹综合住宅（Complejo Arcobaleno, 1960），吉列尔莫·戈麦斯·普莱特罗和鲁道夫·洛佩兹·雷伊设计的布埃勒多住宅（Edificio Puerto, 1959）。

20世纪70年代军政府上台后，严重压制了文化和建筑发展，但此时颁布的住宅法允许集体所有产权的住宅，这一情况催生了一种特殊住宅类型，阿提加斯住宅综合体（Complejo Artigas, 1971—1974）和梅萨合作住宅（Cooperativas de Mesa，1972—1974）是这类建筑的代表作品。

　　与布市相比，蒙城的建筑更加内敛精致，不刻意追求纪念性虽然导致建筑缺少强烈的视觉刺激，但也造就了蒙城更宜人的日常生活氛围。此外，在蒙城建筑中，可以感受到一种奇妙的连续性，不是时间意义上的连续，而是当下现实与不同时空的传统之间的平滑连接，也就是拉普拉塔河兼容并蓄的特质。

蒙城规划草图 1929，柯布西耶

1905年蒙城城市范围

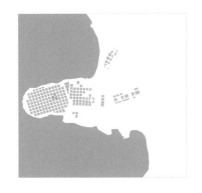

1846年蒙城中心区

1905年蒙城中心区

中心区与罗多公园周边

蒙城中心区及外围城区

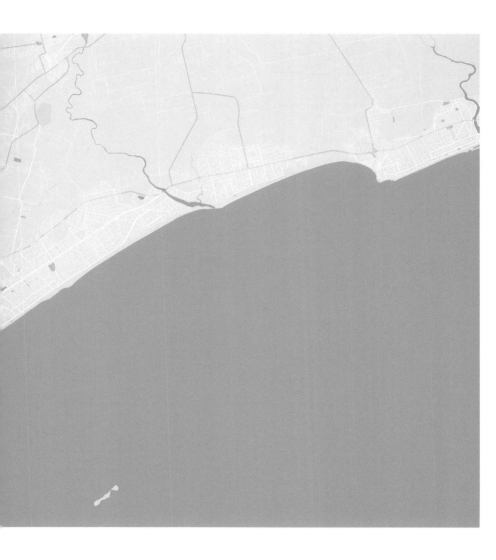

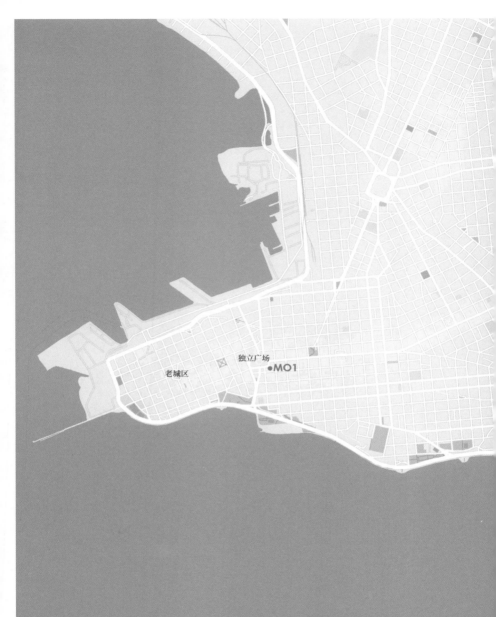

老城区   独立广场 ●MO1

老城滨水区

中心区

　　独立广场（Plaza Independencia）是蒙城的中心，位于殖民地时期老城和新城的连接处，1837 年，由意大利建筑师卡洛斯·祖奇设计。广场南部是早期殖民城市所在的半岛，原城堡已被拆除，老城内街区采用了严格的棋盘布局，保留了丰富的历史建筑遗产，见证了新古典主义、折衷主义、新艺术风格、装饰艺术和早期现代建筑的风格流转。从门窗和外墙上精致的装饰细节可以看出以前主人的地位和审美品位。漫步于老城中，随处可以碰到平静生活于其中的居民，广场旁边的咖啡馆里总是坐满休息的老人，充满了平和安宁的生活气息，这一点与拉丁美洲其他城市中的老城极为不同。

左：萨尔沃大厦；右：独立广场与后部的城堡大厦

　　围绕着独立广场分布了许多重要公共建筑，如索利斯剧院（Teatro
Solís，1856）、萨尔沃大厦（Palacio Salvo，1928） **MO1** 、城堡大厦
（Edificio Ciudadela，1958），以及原有城堡大门和城墙遗址等。1840
年，当蒙城人口达到 4 万人时，城市精英倡议修建了索利斯剧院（Teatro
Solís，1856），剧院由卡洛斯·祖奇设计，由于战争，中间部分先建成，
两翼部分在 30 年后才得以完工。

　　萨尔沃大厦（Palacio Salvo，1928）是意大利建筑师马里奥·帕兰蒂
在拉普拉塔河流域设计的两座早期高层建筑之一，另外一座是前面介绍的
巴罗洛宫。该建筑最初打算容纳商业、酒店和公寓住宅。考虑到其城市区
位，建筑一层布置了一个商业柱廊，面对广场开放；一个底部裙房，上部
的塔身从街角升起。和巴罗洛宫一样，塔的最后高度达到了 100 米，是当

时蒙城最高的建筑，直到 1935 年布宜诺斯艾利斯的卡瓦纳大厦建成以前，也是南美最高的建筑。在萨尔沃大厦的设计中，帕兰蒂将各种建筑风格精心糅合在一起，显示了 20 世纪早期建筑师寻找拉丁美洲建筑语言的努力。

从独立广场进入老城的路边有一个不引人注意的托雷斯·加西亚博物馆（Museo Torres García）。这个博物馆建筑很普通，但托雷斯·加西亚是拉丁美洲现代艺术中极为重要的人物之一，也是拉普拉塔河流域整体造型艺术运动的领军人物。他在巴塞罗那、纽约和巴黎生活了 43 年后，于 1934 年回到蒙城，发表"南方学派"宣言，他尝试将古代文化符号和现代构成主义美学相结合，将具象和抽象综合起来。他最著名的作品是一幅倒置的南美洲地图，反对以英美等发达国家的视角定义世界，换为从南方角度来重新审视这个世界。这幅作品后来被智利瓦尔帕莱索（Valparaiso）的一群建筑师在诗集《阿美雷伊达》（Amereida）中引用，作为拉丁美洲自觉意识觉醒的象征。1970 年，这批建筑师建立了著名的开放城市项目（Ciudad Abierta），这幅地图就镌刻在大门入口处。托雷斯·加西亚不仅对乌拉圭艺术产生了重要的影响，而且对拉丁美洲文学和建筑都有所贡献，并与很多拉丁美洲建筑师有着密切的合作。

左：索利斯剧院；右：《倒置的南美洲地图》

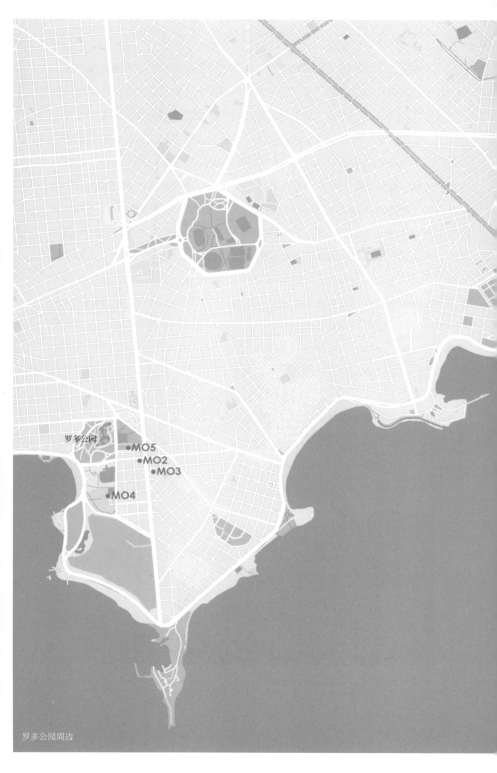

罗多公园

•MO5
•MO2
•MO3

•MO4

罗多公园周边

罗多公园周边

在蒙城另一个半岛与大陆结合处有一个以乌拉圭著名的思想家和作家何塞·恩里克·罗多命名的公园，罗多于1900年出版的代表作《爱丽儿》（Ariel）中以莎士比亚戏剧《暴风雨》中的精灵爱丽儿象征自由、崇高的精神生活，以卡列班象征粗鄙低俗、物质至上与功利主义的"美国病"，质疑美国的个人主义、平等主义与民主观念的哲学根基，对现代拉丁美洲思想影响深远。这片区域是城市的文化教育中心，大学和各种文化设施集中于此。

在罗多公园南部一个街区的街角上，坐落着乌拉圭最著名建筑师胡里奥·维拉马乔[14]为自己设计的住宅（casa Vilamajó，1930） **MO2** 。

维拉马乔自宅花园

---

14 胡里奥·维拉马乔（Julio Agustin Vilamajó，1894—1948）：乌拉圭早期重要的现代建筑师之一。早年就读于乌拉圭共和国大学，接受了完整的巴黎美院体系建筑学教育，学生时期表现突出；1921—1924年，获奖金赴欧洲游历；1926年，创建自己的事务所；1929年，进入大学教书；1947年，作为联合国大厦设计方案组成员参与联合国大厦设计；1948年，因病去世。

维拉马乔自宅

住宅占地 11 米 ×15 米，高 5 层，基地长向临街一面被平整到街道高度，开挖的泥土被置于街角，形成一个 3 米高露台。从底层车库旁边的入口进入建筑后，通过楼梯可以上到二层的客厅和露台，三层是餐厅和阳台，通过台阶可以从阳台下到二层露台，四层布置了主卧，两个更衣室和一个小客房，而最高的五层则是建筑师自己的工作室和一个三面开敞大露台。主楼梯一方面将建筑内部各层联系在一起，另一方将服务空间和被服务空间分隔开，与室外台阶和辅助的螺旋楼梯一起组成了建筑的多重空间流线，使得家庭成员的生活互不干扰。室内空间使用了丰富的材料组合和历史形式语言，与路斯早期作品中的室内空间极为相似，这种联系也体现在建筑体量和外墙的开洞，从窗户位置、大小和形式可以直接判断建筑内部空间功能。

这栋建筑的最特殊之处在于外墙上丰富的历史装饰主题，光滑的贝壳状瓷砖（西班牙萨拉曼卡的贝壳屋），外立面上部的美杜莎圆形浮雕，以及屋顶檐口下的飞檐托块和雨滴饰。建筑师将多样的装饰风格、路斯的空

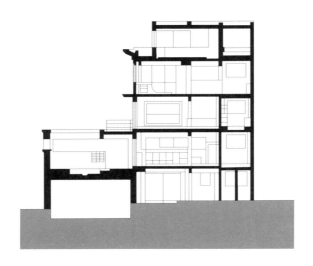

剖面图

间关系和柯布西耶的漫步长廊理念融合于一个住宅中，在古典、乡土和现代之间谨慎地寻找到一种平衡，体现了一种强烈的折衷设计态度和高超的形式综合能力。

　　在拉普拉塔河流域，维拉马乔的做法并不是孤例，阿根廷早期现代建筑中类似的做法也很常见，尤其是那些早年接受了巴黎美学体系，后来转入现代建筑设计的建筑师。有历史学家将这种做法称为"没有乌托邦的前卫主义"，因为它们强调的是渐进地改变，而不是断裂。尽管也是强调多元融合，但具体的设计策略与墨西哥和巴西早期现代建筑师的理念却极为不同。从今天的角度来看，对于拉普拉塔河流域的这批早期现代建筑师而言，历史风格建筑和现代主义建筑之间的关系并非是一种进步战胜保守的神话，而仅仅是美学和风格的一种选择，每种建筑风格中都蕴含着同等的价值，并且存在融合的可能性。而这看似保守主义的立场深深地影响了这个区域的城市景观和建筑意象，既保留了古典建筑的雍容优雅，又拥有现代建筑的简洁质朴。

一层平面图　　　　　　　　　二层平面图

克拉沃托自宅

　　与维拉马乔自宅隔街相望的是另一位重要的乌拉圭建筑师毛里西奥·克拉沃托[15]的自宅（Casa Cravotto，1932）**MO3**，两个住宅在形式上有许多相似之处。建筑底层周边用墙围合，像一个基座，里面是建筑师的工作室。建筑主要体量放在基座的后方，前面是一个露台。建筑顶层有一个水平构件围合的屋顶花园。立面构图通过水平构件语言的变化变得极为丰富，这种手法显然受到荷兰建筑师维尔姆·杜多克的影响。

　　在两座自宅和水滨之间，还有一栋维拉马乔设计的作品乌拉圭共和国大学工程学院大楼（Facultad de Ingeniería，1936—1944）**MO4**。1933年，

15　毛里西奥·克拉沃托（Mauricio Cravotto，1893—1962）：乌拉圭早期重要的现代建筑师之一。1893年出生于乌拉圭意大利移民家庭，1917年，毕业后获旅游奖学金赴欧美旅行；1921年，回国后，在乌拉圭共和国大学建筑学院任教。其早期作品尝试融合各种现代建筑风格，如拉丁美洲殖民建筑风格、装饰艺术风格、荷兰早期现代建筑语言，甚至赖特的建筑风格，后期集中探索现代主义建筑。

工程学院大楼

乌拉圭共和国大学举办了工程学院建筑竞赛。维拉马乔对项目基地十分熟悉，因为他就居住在附近，而且几年前政府计划在基地修建一个体育馆，而当时委托的设计师正是维拉马乔。1936 年，政府将这个项目正式委托给维拉马乔。

　　建筑沿南北向布置不同的体块，并且底层架空，以打开城市通向拉普拉塔河的视野，同时，底层开放柱廊使得师生可从多个方向穿过，增加了师生偶遇的可能性，创造出大学最重要的社交和互动空间。维拉马乔将教室集中在一个体块中，周围的体块布置实验室、图书馆和办公室，通过立体连桥将教室区和其他服务区连接在一起，这样按照功能分区布置的好处是每个体块的平面和高度可以统一布置，建筑开窗也可以根据体块功能进行布置，例如，实验室是全玻璃面板，教室是大窗户，办公室是小窗户等。这种化繁为简的做法实际上是借鉴古典建筑的结构秩序，但也因此，建筑师可以将更多的精力放在不同体块的建构表达上。尽管建筑整体都采用钢

工程学院大楼

上：内院；下：室内大厅

筋混凝土材料，但维拉马乔使用多种方法来处理外墙肌理，包括粗糙和光滑的表面、空心水泥块、带装饰面板，体块突出，等等。在这个建筑中，可以看到维拉马乔从业以来的设计理念演变，从巴黎美术学院开始，到路斯的体积法、包豪斯的功能主义和柯布西耶的漫步廊道，从不同设计思潮中获取设计灵感，将古典的秩序与现代的自由结合为一体。

视觉艺术国家博物馆

这是一个极具象征性意义的建筑，维拉马乔使用钢筋混凝土和现代空间组织方法塑造了一座带有古典精神的建筑。1959 年，美国建筑师理查德·纽特拉访问乌拉圭时，给予了这个建筑高度的评价。

罗多公园的一角坐落着视觉艺术国家博物馆（Museo Nacional de Artes Visuales，MNAV，1970）**M05**，由阿根廷建筑师克洛林多·特斯塔设计。1911 年，国家美术博物馆从国家博物馆分离出来，从市中心的索利斯剧院的侧翼转移到现在的位置，最初的建筑是 19 世纪末的旧仓库，在其后很长的时间里，博物馆一直处于变动和增建修补中，以满足不断增加的展品。1970 年，政府决定进行大的改建，克洛林多·特斯塔设计了一个宽敞和灵活的大空间，打破了原有封闭的隔间，以适合于展示当代艺术品和当代艺术实践，除此之外，建筑也充分考虑了新建的美术馆更好地与罗多公园结合。

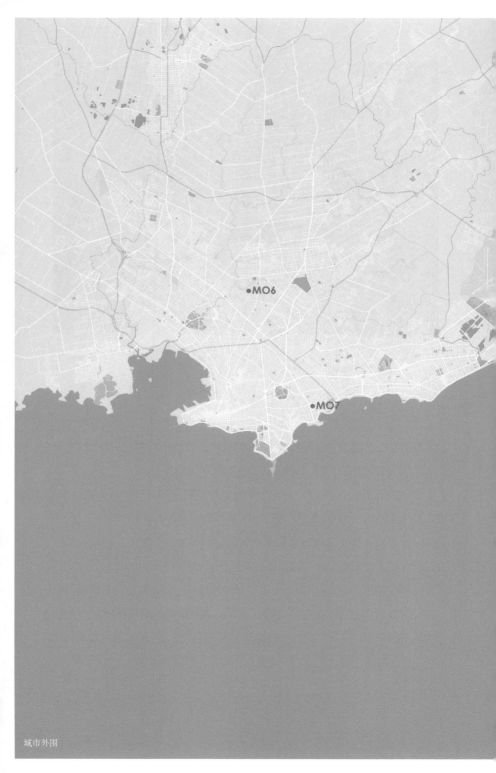

●MO6

●MO7

城市外围

北部公墓

城市外围

　　前文中已经介绍布市和马德普拉塔的两个墓园，这里将要介绍第三个，北部公墓（Cementerio del Norte，1960—1962）**M06**。1960 年，政府决定在城市北部郊区建造一座公墓建筑，由乌拉圭建筑师内尔松·巴亚多和结构工程师何塞·蒂塞合作设计。建筑坐落在墓园中的一个高地上，从远处看，一个简单、没有装饰、巨大而封闭的钢筋混凝土体块漂浮在 8 个三角形支柱之上，架空的底层向四周完全开放。在建筑中心有一个覆满植被的下沉式庭院，其中的一个坡道将开放的底层与黑暗中的二层连接起来，庭院作为不同明暗度空间之间的过渡。在庭院一侧，有一幅由托雷斯·加西亚的学生埃德温·斯图德创作的构成主义壁画，利用混凝土塑造出强烈的光影效果。在这个墓地建筑中，巴亚多希望创造一个暴露且简单的建筑，避免过度装饰干扰殡葬仪式。

这个建筑与巴西建筑师若昂·巴蒂斯塔·比拉诺瓦·阿蒂加斯的圣保罗大学建筑与城市学院系馆（Faculdade de Arquitetura e Urbanismo, FAU-USP，1966—1969）造型相似，但比后者早 6 年建成。除了造型和结构的相似，两个建筑中都存在一种模糊的纪念性，即彻底摆脱传统建筑语言，超越纪念性，将建筑尺度和空间与人的生活和感知紧密连接。

在蒙城东部有一个购物中心（Montevideo Shopping Center，1985）**M07**，由建筑师恩里克·科赫和戈麦斯·普莱特罗合作设计，结构师是乌拉圭著名的建筑师兼工程师埃拉蒂奥·迪埃斯特[16]。购物中心位于靠

左上：北部公墓底层入口；右上：底层通廊；左下：坡道与雕塑；右下：庭院

---

16 埃拉蒂奥·迪埃斯特（Eladio Dieste，1917—2000）：乌拉圭著名工程师和建筑师。1917 年，生于乌拉圭阿索加斯；1943 年，在蒙得维的亚共和国大学获工程学位；1943—1948 年，任城市公共工程部工程师；1948—1955 年，任 Viermond SA 公司总工程师；1955 年起，创建自己的公司。1943—1945 年，任乌拉圭共和国大学工程教授；1966 年，当选乌拉圭国家工程院院士。他的一生中建造了大量的仓库、交通建筑和工农业建筑，在他的公共建筑作品中，最著名的是圣工教堂和圣佩德罗教堂。他在建筑和结构方面成就卓然，创造出了具有高度美学价值的建筑作品。

左：购物中心；右：室内双曲面拱顶

近拉普拉塔河的兰布拉区（Rambla）的一个社区中，建筑的屋顶由一组圆柱形和双弯曲的砖拱组成，波浪形墙壁用以吸收来自拱顶的侧推力，将推力传递到建筑的基础，波浪形墙壁不仅实现了结构功能，还创造光影变化，打破内部封闭商业空间的沉闷。但作为一个商业购物中心，这个建筑过于工业化的造型有些令人感到意外。

迪埃斯特并不想只做一个好的结构工程师，而是试图去理解材料的物质性和本质，或者说，他试图以一个哲学家的角度去理解构筑这个世界的物质语言。在项目中，他始终将使用者的需求和工人的施工建造能力当作重要的因素来考虑。他的每一个项目都体现了一种探索和寻找的过程，包括材料、形式、空间和在低迷经济下可获得的技术、建造传统、有限的劳力等，都被纳入一个连续的研究过程中进行思考，这使得他的作品中存在一种精致的形式，一种深刻的技术和结构理性，以及一种针对本地经济和生产能力的现实态度。从技术、美学、和社会的综合角度来看，能与他比肩的大师寥寥无几。

在距离蒙城 40 公里的度假小镇阿特兰蒂达（Atlantida），有一个迪埃斯特的代表性建筑圣工教堂（Iglesia de Cristo Obrero，1952—1960）**MO8**。

1952 年，一位富有的业主希望为一个贫穷社区捐建一座教堂，社区的居民大多是雇工和家政服务者。当业主找到迪埃斯特讨论委托事宜时，

圣工教堂

迪埃斯特认为业主需要的是一位建筑师，而不是一位从事仓库建造的工程师。但业主说他想要的并不是一个精美而感性的建筑，而是一个贫苦社区中的廉价建筑，因此并不需要建筑师。迪埃斯特显然不同意业主的判断，贫穷不意味着不需要美和情感的体验，廉价也不意味着丑陋，但他需要用作品来证明。迪埃斯特接受了这个委托，承诺这个教堂的成本将不会超过同样大小的仓库，但条件是拥有绝对自由的设计权。8 年后，圣工教堂最终建成，这栋建筑将结构、技术和美学完美结合，达到了现代建筑的最高水准，也是世界上最具想象力和诗意的教堂之一。

离开海滨小镇阿特兰蒂达，沿着一条尘土飞扬的道路，这条路现在以迪埃斯特的名字命名，在一个转弯处可以看到一片低矮的工人社区，圣工教堂矗立在社区的边缘。波浪形的有机造型使教堂凸显出来，但质朴的红砖又让教堂隐入社区。第一次看到圣工教堂，大多数人都会盯住砖砌的曲

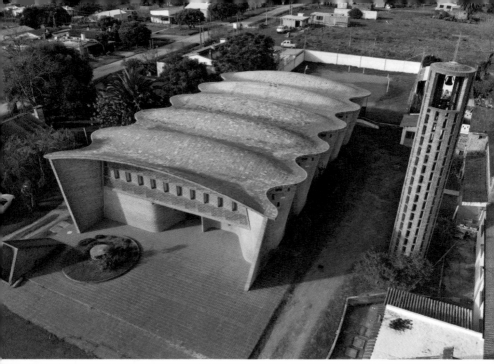

上：圣工教堂鸟瞰；下：圣工教堂西立面

面墙体仔细观察，以确认这个建筑是否仅由砖砌筑。从低矮的入口进入教堂，参观者会发现室内空间与外部造型是完全一致的，里面没有一条直线，即使分隔圣坛与圣器室的隔墙也是曲线形的。入口上方二层是唱诗班所在，二层墙面由砖百叶组成，砖百叶之间有可调节的面板，可以控制光线和通风进入建筑。入口对面是教堂的后墙，后墙与屋顶之间有一个开口，自然光可以穿过半透明彩色面板进入室内。建筑在不同位置采用了不同的开窗形式，小心地控制着自然光的进入量和角度，曲面造成的漫反射创造了柔和而灵动的光，充满了整个空间，在宗教的效果之外，还有一种家的温暖亲近感。这正是迪埃斯特希望为这个社区提供的建筑，一个具有神性的教堂，同时也是一个社区之家。

理解圣工教堂奇特的形式需要从屋顶结构开始。教堂的平面是一个长30米、宽16米的矩形，因为要举办宗教仪式，空间内不能布置柱子和承重墙，屋顶需要采用大跨结构，但当时乌拉圭的钢材和混凝土依赖进口，

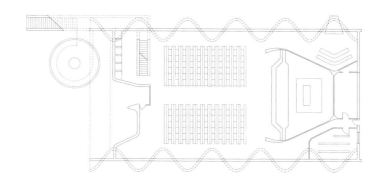

平面图

钢材和混凝土结构意味着昂贵的成本。因此，迪埃斯特面临的第一个问题就是，如何在不使用钢材和混凝土结构的前提下，建造大跨空间。事实上，这也是迪埃斯特在修建厂房和仓库时一直需要解决的问题。砖几乎是乌拉圭唯一不依赖进口的建筑材料，但传统砖拱技术无法实现大跨空间。为此，迪埃斯特在西班牙传统的加泰罗尼亚拱的技术基础上，借鉴其他工程师的实践经验，发明了一种配筋砖砌体技术（Ceramica Armada），并在实践中不断改进施工工具和工艺，最终可以修建最大跨度达 60 米的双曲面拱屋顶。

教堂的屋顶是一个波浪形的双曲面结构，高 7 米，采用配筋砖砌体技术建造，为了将曲面屋顶两个长边所产生侧推力传递到地面，迪埃斯特设计了波浪形曲面墙体，两个长边砖砌墙体在地面上是直线，向上逐渐变形，在顶部与屋顶相交处形成曲率最大的波浪曲线，曲面墙体和圈梁一起有效地将所有垂直和水平荷载转移到基础上。今天在计算机的辅助下，这种结

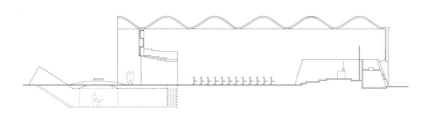

剖面图 1

剖面图 2

左：从塔下部向上看；右上：圣工教堂祭坛；右下：圣工教堂入口上方

圣工教堂方案设计外墙研究模型

构看上去并不复杂和难以计算，但在 20 世纪 50 年代，这些复杂的工作只能依靠人工完成。但这个项目最困难之处还不是结构设计，而是如何建造。

　　没有专业的工人，也没有专业的设备，甚至砖都是现场人工烧制，但却要建造这样复杂的形态，这些现场的任何一个问题都会导致项目的失败。迪埃斯特围绕两个关键要素来组织建造：标准单元与活动模板支架系统，均是充分考虑建造中的现实约束而定。在形式方面，无论建筑屋面形式多么复杂和丰富，迪埃斯特的建筑都是由一个标准的曲面单元组合而成。这样，一组不熟练的工人建造完一个标准单元后，可以移动模板到下一个单元，以同样的方式建造。一个标准单元的建造程序是：首先，陶土砖被放置在模板支架上，中间的连接部分布置加强钢筋，这里工人可以就所出现的误差和错误进行调整，直到满意后再使用水泥砂浆灌浆接缝硬化。同时，因为砖拱的 90% 的材料都已经是固化材料，而陶土材料因其多孔特性吸收水分很快，在灌注后，水泥砂浆马上就开始硬化过程，其结构整体性能更好，结构硬化速度更快。与传统的加泰罗尼亚砖拱逐层受力的砌筑方式相比，这种的做法大大降低了对工人砌筑水平的要求。然后，在单层砖拱之上再罩上一层轻质钢丝网，再用水泥砂浆找平；通常在好的情况下，一天就可以移除模板支架，天气差的情况下也只需要两天。为了提高模板组装的效率，迪埃斯特采用移动模板支架，并对其进行了改进。可移动模板和支架由木材和钢材建造，在可移动的支架支撑下，模板可以升高到合适的位置。后来，在其他项目中，迪埃斯特用电力齿轮机械系统取代了传统的液压系统，用电动机械系统解决承重和固定的问题。此外，在建造中迪埃斯特围绕着建造工人设计了许多施工工具和装置，以克服缺乏机械设备的问题。

倘若这个教堂仅仅具有上述结构和施工特点，像迪埃斯特建造的诸多仓库和厂房一样，也许只是满足业主所要求的低造价建筑。但迪埃斯特在实现建造经济型的基础上，为这个贫困社区带来了一种谦逊而富有美学和情感的建筑。在设计圣工教堂之前，迪埃斯特一直以工程师的身份从事大型厂房和仓库的计算和建造，然而在圣工教堂项目中，他幼年受到的人文主义的影响被释放出来。迪埃斯特曾写道："发展是什么？我们期待的发展是让每一个人幸福，并得以充分发挥其潜力。"从这个角度出发，就可以理解迪埃斯特为什么回归传统建筑师角色，成为工地现场的总管理者和协调者，几乎考虑了建造过程中的全部问题，为每一个建造环节提供可行的操作方案：建筑设计、工程图设计、建筑材料制作（现场烧砖）、施工工具设计（移动模板设计）、施工工艺设计（手工施加钢筋预应力、如何增大施工容错率等）、建造工人的培训和组织（农业工人承担建造任务）。表面上看，这是出于现实的限制不得已的做法，但如果内心缺少一种坚定的人文信仰和普世关怀，即使采用同样的技术，其结果也会是云泥之别。

项目信息　Project Information

重点介绍建筑

MO1　　**萨尔沃大厦**
P164　　Palacio Salvo，1928
建筑师　　马里奥·帕兰蒂（Mario Palanti）
地址　　Independencia 848，11100 Montevideo，Departamento de Montevideo，Uruguay

MO2　　**维拉马乔自宅**
P167　　casa Vilamajó，1930
建筑师　　胡里奥·维拉马乔（Julio Agustín Vilamajó）
地址　　Domingo Cullen 895，Av. Sarmiento esq，11300 Montevideo，Departamento de Montevideo, Uruguay

MO3　　**克拉沃托自宅**
P171　　Casa Cravotto，1932
建筑师　　毛里西奥·克拉沃托（Mauricio Cravotto）
地址　　Av. Sarmiento 2360，11300 Montevideo，Departamento de Montevideo，Uruguay

MO4　　**工程学院大楼**
P171　　Centro Cultural Kirchner，2007—2015
建筑师　　胡里奥·维拉马乔（Julio Agustín Vilamajó）
地址　　Ave Julio Herrera y Reissig 565，11300 Montevideo，Departamento de Montevideo，Uruguay

MO5　　**视觉艺术国家博物馆**
P175　　Museo Nacional de Artes Visuales，MNAV，1970
建筑师　　克洛林多·特斯塔（Clorindo Testa）
地址　　Av Tomas Giribaldi 2283，11300 Montevideo，Departamento de Montevideo，Uruguay

MO6　　**北部公墓**
P178　　Cementerio del Norte，1960—1962
建筑师　　内尔松·巴亚多（Nelson Bayardo）
地址　　Camino Burgues 4259，12300 Montevideo，Departamento de Montevideo，Uruguay

MO7 购物中心

P179 Montevideo Shopping Center，1985

建筑师 恩里克·科赫（Enrique Cohe） 戈麦斯·普莱特罗（Gómez Platero）

结构师 埃拉蒂奥·迪埃斯特（Eladio Dieste）

地址 Av. Luis Alberto de Herrera 1290，11300 Montevideo，Departamento de Montevideo，Uruguay

MO8 圣工教堂

P180 Iglesia de Cristo Obrero，1952—1960

建筑师 埃拉蒂奥·迪埃斯特（Eladio Dieste）

地址 764M+CCW，Av. Monseñor Jose Orzali，15200 Estación Atlántida, Departamento de Canelones, Uruguay

发明与发展：
20 世纪中叶的拉普拉塔河流域现代建筑

2015 年 3 月，纽约当代艺术博物馆（MoMA）举办了展览"构建中的拉美：建筑 1955—1980"（Latin America in Construction: Architecture 1955–1980）。这次展览在时间上承接了 1955 年 MoMA 举办的"1945 年以来的拉美建筑"展览，作为 60 年后的一次纪念展。正式开展前的一个夜晚，MoMA 举办了一个小型内部学者讨论会，由总策展人和分策展人分别介绍展品和策展思路，与会者可以自由地提问和讨论，其间发生的一个小插曲让我记忆深刻。

展厅入口的第一件展品就是由乌拉圭建筑师和乌拉圭共和国大学教授卡洛斯·戈麦斯·加瓦佐[17]于 1960 年制作的《发展计算器》（*Ecuación del Desarrollo*）。这是一块带有金属滑轨和木制滑竿的木板，上面绘制了抽象彩色函数图案和各类缩写符号，并镶嵌了纵横两个方向的刻度尺，在可滑动的木杆和金属杆上还悬挂着的重力锤。事实上，这是加瓦佐教授为"人口密度和领土规划方法"课程制作的一个"计算器"课件，旨在将课程呈现为一门精确的科学，将土地使用、居住、工作、法律形式、投入或产出能力以及生活质量全部联系起来，以确定特定地区的发展水平，反过来又可指导未来的城市政策和规划设计。

当时在场的很多学者提问关于这个装置的原理，以及如何操作和解释

---

17 卡洛斯·戈麦斯·加瓦佐（Carlos Gómez Gavazzo，1904—1987）：乌拉圭建筑师和乌拉圭共和国大学教授，曾于 1933 年在巴黎与柯布西耶合作，是 1952 年乌拉圭建筑教育体系改革的推动者之一，奠定了乌拉圭领土规划、社区建筑和人口流动性和密度的基础理论。

《发展计算器》，1960

这些滑竿和构件。策展人说这个装置两年前才在大学仓库中找到，其原理还没有完全搞清楚。那么为什么要将一个说不清、道不明的装置放置在入口这么重要的位置？旁边几位学者为此讨论了很长时间。

这个来自拉普拉塔河流域的装置给人第一印象是抽象的艺术和科技感，切断了与拉丁美洲（或其他任何地区）的文化关联。而强调抽象艺术和科学性恰恰也是 20 世纪中期拉普拉塔河流域现代建筑给人的最直观感受。

在拉丁美洲，拉普拉塔河流域现代建筑一直呈现出与其他地区截然不同的形象。对此，诸多学者尝试以地区性、移民文化、种族和经济发展等因素来解释，但借助外部因素构建的理论解释体系带有深深的"环境决定论"。那么是否存在其他的方式来考察本地区的建筑发展呢？譬如，以人们对建筑的直观感受为线索，通过回溯建筑背后观念的变化来解释拉普拉塔河流域现代建筑的某些特性。

整合艺术与综合艺术

20 世纪有两场艺术运动深刻地影响了拉普拉塔河流域现代建筑的发展：一个是拉丁美洲地区性的整合艺术（Integración de las artes，英文 Integration of the Arts）；另一个是二战后国际范围内发生的综合艺术（Sintesis de las artes，英文 Synthesis of the Arts）。在大多数情况下，整合与综合两个词都是"融合"之意，1964 年，西比尔·莫霍利 - 纳吉在《卡洛斯·劳尔·维拉纽瓦和委内瑞拉建筑》（*Carlos Raúl Villanueva y la arquitectura de Venezuela*）一书中，就没有区分地使用了这两个词。但二者在字面上确有差异，整合的定义是"将两个或更多的事物结合在一起"，而综合的定义是"将不同的思想、影响或事物结合，以形成一个新的事物"，而这种微弱的差异将体现为两种艺术运动完全不同的主张和目的。

整合艺术

拉丁美洲的整合艺术始于 20 世纪 20 年代的墨西哥，在墨西哥哲学家、作家和教育家何塞·巴斯孔塞洛斯的推动下，一批艺术家和建筑师发起了"壁画主义"和"整合造型"（Integración Plástica）运动，其艺术主张和创作方法逐渐扩展到拉丁美洲其他地区和国家，如巴西、委内瑞拉以及中美洲地区等。整合艺术倡导将绘画、雕塑和其他艺术形式融合到建筑设计中，强调艺术应面向公众，成为教育公众的革命工具。美国建筑历史学家亨利 - 拉塞尔·希区柯克认为将艺术融入建筑是拉丁美洲建筑的一个特点，因为本地精英"对建筑师的期望超过了纯粹功能的解决方案"。这一运动的发展高潮是 20 世纪 50 年代初墨西哥城大学城的建设，其后由于国际和国内形势的变化，拉丁美洲的整合艺术逐渐消退。

20 世纪 40 年代初，鉴于轴心国的战败只是一个时间问题，一些敏锐的艺术家开始构想战后的生活。柯布西耶和雕塑家安德烈·布洛克，《今日建筑》（*L'architecture d'aujourd hui*）杂志的编辑，预见了战后随着对新技术和对人文主义价值观的拥抱，"主要艺术"（major arts，指建筑、绘画和雕塑）的新综合将得以实现。与此同时，在纽约的建筑史学家吉迪恩、艺术家费尔南德·莱热和建筑师约瑟夫·路易斯·塞特于 1943 年起草了《关于纪念性九点》（*Nine Points on Monumentality*）一文，呼吁 CIAM

成员为战后重建工作做好准备，建筑师、艺术家、城市规划师和景观设计师将合作生产能够满足民主共和国公民需求的、集体的和有表现力的现代主义作品，并将历史和造型艺术重新融入人们生活和城市。《关于纪念性九点》是一篇短文，但却是理解战后建筑思想和实践的转变的关键性文献。此后，在1947年CIAM大会上，吉迪恩和塞特更是将这种新纪念性明确地定义为抽象艺术和建筑的综合体。但此时，对抽象艺术的强调已经不是简单的一种美学选择，因为在战后冷战中，社会主义阵营选择了具象艺术，而资本主义阵营选择了抽象艺术，艺术被迫承担起文化意识形态的功能。在这种情势下，出现了一场从东欧到拉丁美洲的世界范围艺术运动，也就是综合艺术运动。

综合艺术

总体而言，综合艺术出现于20世纪50年代初，一般指将壁画、雕塑和浮雕等造型艺术融入建筑之中。其目的是通过艺术为日益工业化和机械化的现代建筑注入"人性化"元素；让艺术走出博物馆和画廊，进入真实的社会生活中；倡导不同技能和背景的人之间展开合作，如艺术家、建筑师和手工艺人等，塑造出有凝聚力的新型社会。

在社会主义阵营中，综合艺术的含义是不确定的，但这种模糊性使得其可以适用于差异巨大的语境：从室内设计到融入现代主义建筑的壁画和雕塑，从身临其境的多媒体环境到以陶瓷和石头装饰品为特色的历史主义建筑。在第二版《苏联大百科全书》中，综合艺术的定义是："将各种类型的美术和装饰艺术与建筑有机地结合在一起，旨在创造一个完整的艺术—建筑形式（建筑、建筑群、室内）。综合艺术意味着作品的统一性，以及其所有元素的风格、规模、比例和节奏的一致性。"这里的综合艺术进入了一种跨历史的范畴，不特指某个时期或某种风格，而是涵盖了从古希腊到现代的各种艺术风格，当然还有各种地方形式，最终，苏联的综合艺术将成为这个漫长历史轨迹中的顶峰，代表了社会主义的表现形式。

与之不同的是，在西欧和美国的资本主义阵营中，综合艺术则有较严格的定义：将壁画、独立的雕塑和浮雕融入现代主义建筑。柯布西耶是这一议题的主要支持者，在1952年联合国教科文组织主办的威尼斯国际艺术家会议上，他作了一个简短的演讲"艺术家之间的关系"，重点讨论艺术家和建筑师之间如何合作，以赋予建筑环境诗意的品质和激发大众的情感反应；同时，建筑还可以为艺术提供一个机会，使其能够走出画廊，并进入社会现实中，从而获得一个积极的社会角色。柯布西耶拒绝国家或任何其他外部因素干预这种艺术社区的形成，认为这是一个"自发的、自我组织和自我管理的团体"；同时，他也坚定地捍卫了建筑的首要地位，强调在任何艺术的综合发生之前，首先应设定"建筑条件"。

将柯布西耶的等级制综合艺术放在战后西欧来考察，会发现虽然它强调自由和参与，并在团体的形成过程中拒绝任何外部胁迫，但却依赖一个建筑师家长式的指导（社会精英），这与战后西欧政治（例如戴高乐）并无不同。相比之下，苏联的综合艺术成为国家社会主义美学的必然结果：强调集体主义，以及艺术家、建筑师和建筑商之间无等级的合作模式。尽管存在着意识形态的差异，但二者的期望目标都是统一（通常被描述为和谐、有机等），不仅是艺术和建筑之间的统一，也是建筑生产过程中不同力量的统一。在某种程度上，综合艺术隐喻着战后的社会：不仅是场所的重建，也是不同群体之间关系的重建。

在资本主义阵营中，柯布西耶家长式的综合艺术最终在20世纪50年代末失去了吸引力。因为支撑其高度现代主义话语逐渐开始过时，而随之消失的还有艺术的救赎和人性化的人文主义思想。在社会主义阵营中，综合艺术以官方形式继续存在于各地区和国家。

拉普拉塔河流域的综合艺术

与两种对立意识形态下的综合艺术版本相比，拉普拉塔河流域综合艺术一开始就沿着第三条道路发展。历史上的拉普拉塔河流域缺乏抽象艺术传统，但 20 世纪 30 年代，乌拉圭艺术家华金·托雷斯·加西亚从欧洲归来后，这里的情况发生了改变。1874 年，托雷斯·加西亚出生于乌拉圭，17 岁时随家人移居欧洲。受欧洲前卫艺术的影响，他对抽象、几何和原始形式有着极大的兴趣，认为其中蕴含了古代和现代艺术中的普遍真理。20 世纪 20 年代末，他遇到了西奥·范·杜斯伯格和彼埃·蒙德里安，开始将理性主义世界观融入到自己的作品中，前哥伦布时期的图像原型和新造型主义正交网格构成了其作品主线。1934 年，他回到乌拉圭，提倡扎根于美洲的"普世构成主义艺术"（Arte constructivo universal）。通过建立"南方学派"（Escuela del Sur），他创作了一系列以南美洲为中心的前卫艺术作品，其标志作品是《倒置的南美洲地图》，颠倒的地图让人们以一种全新的方式看待南美洲，其中太阳、船和鱼等类似简笔画一样的符号传达了拉丁美洲本土文化。太阳是一个强大的印第安人符号，即赋予生命的力量，因此托雷斯·加西亚不仅在这张地图中，而且在宇宙纪念碑中也将它放置在中心；船通常与旅行有关，而鱼则代表繁殖力。这些符号来自蒂瓦纳库（Tiahuanaco，印加帝国遗址）的太阳门，托雷斯·加西亚通

左：普世构成主义作品，1942；右上：宇宙纪念碑，1935；右下：太阳门，蒂瓦纳库，500—900

过挪用古老的美洲符号，使用几何艺术注入新的精神维度，从而重申了他的文化身份，阐明了一个新的艺术方向。

与墨西哥的整合艺术家不同，托雷斯·加西亚坚持抽象艺术原则，同时回避任何社会政治信息。他创建了"南方学派"和托雷斯·加西亚工作室（Taller Torres García，TTG），期望恢复伊比利亚美洲文化，将普世与地方生活经验结合为一体，他的艺术主张影响了一大批本地艺术家和建筑师，例如，埃德温·斯图德为蒙得维的亚北部公墓 **M06** 所设计的壁画，以及冈萨洛·冯塞卡为1968年墨西哥奥运会设计的风之塔项目。

1944年，在拉普拉塔河西岸的布宜诺斯艾利斯，一批艺术家在出版了《阿图罗》（Arturo）杂志后，这些艺术家不仅受到托雷斯·加西亚的影响，也与荷兰和瑞士艺术家联系紧密，特别是与瑞士艺术家马克思·比尔。不久，这些艺术家分裂为两个团体：1945年，由托马斯·马尔多纳多领导的具体—发明艺术联盟（Asociación Arte Concreto-Invención），以及1946年久拉·科西策创建的马迪小组（Grupo Madí）。二者的艺术主张略有不同，但都反对任何形式的形而上学、形象化和感伤主义，认为艺术家应该集中精力进行严肃的、科学的设计。

马尔多纳多是一位著名的阿根廷艺术家，他曾担任被称为"包豪斯继承者"的乌尔姆学院（Hochschule für Gestaltung，HfG）第二任院长，第一任院长是马克思·比尔。他为乌尔姆学院制定的教学大纲清晰地表达了他的艺术主张，他将所有的纯艺术课程从教学大纲中删除，代之以各种社会科学和技术科学课程，即社会学、心理学、哲学、机械原理、材料学、人体工程学等，着重培养学生的理性视觉思维，强调设计中工业化和批量生产的特点，要求学生必须接受科学技术、工业生产、社会政治三个方面的综合训练，希望培养出科学的设计师。他主张设计应该而且必须是理性的、科学的、技术的，设计是科学技术，而不是艺术，并拒绝任何一种形式的"风格"。为此他引用比尔的话："一种形式是根据自身的发展规律组织起来的，并以自身的数据为出发点。必须从形式的辩证法中，从它诞生的特殊方式中，而不是从预先设定的比例或和谐原则中构思结构。"

科希策是一位出生于斯洛伐克的阿根廷艺术家和诗人。1946年，他与其他艺术家一起创立了马迪小组，关注如何超越艺术，鼓励所有创意学科的人（如舞蹈家、建筑师和演员）通过全面的创造和发明，将艺术从各种束缚中解放出来。在建筑方面，科希策曾写道："马迪的建筑形式和所处环境应该是流动的、可移动的。"1971年，他发表了《水空间城市和建筑宣言》，其中的"水空间城市"是一个由悬浮在太空中的许多"豆荚"组成的城市，这些"豆荚"利用水——通过结晶——作为它们的主要结构支撑和生命来源和燃料；水会被分解成氧气供呼吸，氢气供能量和燃料。对科希策来说，现代建筑中的功能主义是过时的和压迫性的，限制了人类的创造力和思维，为了克服这一点，人类需要利用科学和想象力来创造出新的生活。

综合艺术的社会主义阵营版本可以简化为具象艺术和社会主义意识形态的一种结合，资本主义版本则可以简化为抽象艺术和资本主义意识形态的一种结合，两者都尝试引入艺术来弱化（人性化）现代主义建筑中生硬的技术面，强化各自认为"正确的"社会文化。拉普拉塔河流域的综合艺术显然没有遵从上述的任何一种版本：在选择了抽象艺术的同时，将科学视为创造新艺术和人类和谐生活的原则和基础，并拒绝了上述两种意识形态。参照综合艺术的标准公式，拉普拉塔河流域的综合艺术所秉持的意识

水空间城市，1971

形态是什么呢？如果有的话。在讨论本地区的综合艺术过程中，出现了两个重要的概念：科学与第三条道路。

今天的人们不会将科学视为一种社会意识形态，但历史上确实发生过。19世纪的欧洲，随着"自然"概念的转变（自然不仅有历史，而且可以被人类技术改变），机器和工具被视为改进人类与环境关系的"新器官"、人类感官和意向性的延伸、心灵和世界之间的流动媒介，也是社会的纽带。这些浪漫的实证主义者认为现代科学激发了艺术家、哲学家和科学家之间强烈的共鸣感甚至认同感，是建设一个更加公正、自由、和谐社会的必要手段。而这与拉普拉塔河流域综合艺术的主张几乎毫无差别。但在常识上，将20世纪50年代的拉普拉塔河流域综合艺术与19世纪的实证主义相关联会让人感到奇怪。虽然实证主义贯穿了19世纪拉丁美洲的思想史，但一进入20世纪，实证主义就在拉丁美洲迅速消退，成为被批判的对象。但两者的主张之间相似性又让人无法否定其联系，一种可能的解释是：在拉丁美洲，"现代"的含义与欧美不同，并非一种时间上或新的概念，也不意味着与传统的对立，而是"进步"的象征。当实证主义在拉丁美洲消退后，其"进步"理念继续存在于拉普拉塔河流域，并与其他思想相结合出新的观念。

对于第三条道路，当时阿根廷总统贝隆的政治主张正是"第三立场"，拒绝在美苏两种意识形态之间作出选择，虽然坚持民主自由，但与资本主义保持距离，虽然维护工人阶级利益，但与社会主义保持距离。此外，二战后，基督教民主主义（Democracia Cristiana）作为一种政治和社会思潮盛行于拉丁美洲，基督教民主主义起源于19世纪的天主教教育，强调人性尊严和人文关怀的社群主义政治理念，主张在自由主义和集体主义之间、资本主义和共产主义之间寻求第三条道路，这与贝隆的主张完全一致。

作为进步的同义词"科学"与政治上的第三条道路奇妙地混合在一起，构成了支撑拉普拉塔河流域综合艺术的意识形态话语。

发明与发展

拉普拉塔河流域综合艺术拒绝了"创新"一词，而倾向使用"发明"一词来定义艺术活动。"发明"是依据自然规律解决工程或技术领域的难题，制造出以前不存在的事物；"创新"是在现有产品、想法或领域的基础上做出改变，生产新的事物。尽管两者目的都是生产新事物，但其差别在于，"发明"强调科学的客观性（以客观世界事物的本质及运动规律为依据，经过实践检验和严密逻辑论证，而非脱离现实的空想），"创新"强调人的主观性（在不同概念和事物之间建立建设性的联系）。如果说早期拉丁美洲整合艺术家和托雷斯·加西亚的工作对应着创新，那么战后拉普拉塔河流域综合艺术则指向了发明。发明的过程偏重精神性（揭示客观世界的自然规律），发明的结果偏重实用性（满足社会需求），由于艺术家和建筑师的关注不同，产生了思想和实践的多元形式。下文将就拉普拉塔河两岸两位代表性建筑师为例展开讨论。

阿曼西奥·威廉姆斯

在布宜诺斯艾利斯，爱德华多·卡塔拉诺、马里奥·罗伯托·阿尔瓦雷斯、阿曼西奥·威廉姆斯和塞萨尔·扬内洛等建筑师，接受了抽象艺术观念——排除任何自然主义表现，以及任何来自艺术形式自身之外的系统影响。建筑自主性并不是一个新想法，很大程度上源自艺术科学化和学科化的企图，也就是将艺术视为与科学相同的存在领域，不受审美以外价值约束，不受所有伦理的影响，最终也不受宗教的影响。但拉普拉塔河的建筑师更进一步，他们希望在建筑实践中将艺术、科学和宗教这些独立领域融合为一体。在这个意义上，他们寻求的不是一种造型艺术的综合，而是一种社会的综合。

1946 年，在布宜诺斯艾利斯举办的"抽象—具体—非具象艺术"展览中，卡塔拉诺和意大利著名建筑师埃内斯托·罗杰斯是仅有的参展建筑师。他们相信建筑承重结构是构建"永恒"的关键因素，因此拒绝所有的时间性因素，而关注常量和采用自然界的结构形式，在两人的建筑作品中充分地表现了这种有机结构主义倾向。阿尔瓦雷斯设计的圣马丁将军剧院 **BA10** 中虽然有许多绘画、壁画和雕塑作品，但这些艺术作品是从属于建筑的元素，与柯布西耶的主张相同。对于卡塔拉诺和阿尔瓦雷斯两位建筑师而言，他们的建筑设计理念是创造一个和谐的世界，或一个完美的系统，每个碎片在这个系统中都能找到自身的位置。

但威廉姆斯并不这样认为。对他而言，建筑需要的不是一个系统，而是一种科学的方法，也就是，建立客观处理技术数据的基础上的一种设计方法，不受任何形式的幻象或外部因素的影响。在这一点上，威廉姆斯与马尔多纳多的主张十分接近，这一点并不意外，因为他是马尔多纳多、普拉蒂和伊奥米的朋友。此外，在1947年欧洲之行中他曾面会莱热（《关于纪念性九点》起草人之一）和比尔（乌尔姆学院的第一任院长）。

从威廉姆斯的两个未建成方案可以清晰地看到他的设计原则。第一个方案是悬浮式办公楼（Edificio Suspendido de Oficinas，1946），这个设计的主要问题是如何获得每个楼层中最大的自由空间？最终威廉姆斯通过悬挂结构体系和明确分配机械设备达成了目标。正如威廉姆斯坚信的那样，这个设计多年后在香港得以实现，由建筑师诺曼·福斯特设计的汇丰银行大厦（HSBC Main Building，1985）。第二个方案是科连特斯的医院（Hospital Corrientes，1948），建筑是针对阿根廷东北部的炎热和潮湿气候而设计的，采用标准的网格布局，单元之间可以自由组合，形成一个医疗的"系统"，建筑上部覆盖了标准的贝壳形薄壳单元，进行气候控制。这种标准的贝壳薄壳单元前文已介绍，威廉姆斯在其他方案中也采用了这个构件，这一点印证了他的设计关注的并非建筑具体形式和功能，而是一种建立在精确的科学分析基础上的原理。这些未建成的作品中展示出一种新颖和清晰的逻辑，更像是一种产品原型设计，而非建筑设计。阿根廷建筑历史学家豪尔赫·弗朗西斯科·利努尔教授认为威廉姆斯的设计可以被认为是一系列的

"发明物"，而威廉姆斯也认为自己是一个"发明家"。

威廉姆斯童年时最崇拜的人是家里的园丁，他着迷于这个匠人解决各种机械问题的能力。在布宜诺斯艾利斯大学就读工程学期间，威廉姆斯对阿根廷国内的机械学并不感兴趣，而是着迷于飞机和复杂的机械设备。20世纪30年代，航空业是拉丁美洲各国的重要议题，各国政府大力鼓励并支持这一新产业的发展。在这样的氛围下，年轻的威廉姆斯作为志愿者加入军队接受了飞行员培训，随后带着对飞机的热情创建一家航空公司，并独自维持公司达三年之久。但不久，这种狂热就消退了。

在家庭的影响下，威廉姆斯自幼信奉新教，但1934年，在参加了梵蒂冈在布宜诺斯艾利斯组织的国际圣餐大会后，他受到了巨大的情感冲击，最终他和妻子决定皈依天主教。也正是在这个过程中，他开始重组自己的思想世界。在写给柯布西耶的一封信中，威廉姆斯把自己的工作室描述成一个活跃的知识圈，定期举办神学、哲学、历史和艺术讲座。在这封信中，他提到了两个重要的人物赫克托·贝尔纳多[18]和乔丹·布鲁诺·根塔[19]，两人都是激发阿根廷1943年政变的右翼团体成员，这次政变使贝隆首次

左：悬浮式办公楼，1946；右：科连特斯的医院，1948

---

18 赫克托·贝尔纳多（Héctor Bernardo，1912—1985）：阿根廷天主教民族主义经济学家。
19 乔丹·布鲁诺·根塔（Jordán Bruno Genta，1909—1974）：阿根廷天主教民族主义作家和哲学家。

进入政府任职。作为天主教民族主义者，他们希望重建柏拉图式的绝对真理，以反对路德的相对主义。为了反对混合态度、小利益、感情用事和各种实用主义，这些天主教民族主义者将英雄主义、纯洁和理性视为自己行动的准则，"只有当我们想要像上帝一样时，才会想起人类的神圣祖先"。今天来看，这近乎狂热的信念是不可思议的，但放在 20 世纪 30 年代大萧条的时代背景下，面对混乱的资本主义世界，就可以理解这些民族主义者的理想：为阿根廷建立一个美丽的新秩序，用一个统一的、技术先进的国家取代现有资本主义的混乱局面。

以这种方式寻求绝对真理意味着必须以"统一"和"时代"此类观念来思考问题，也就是说，必须拒绝地方或时间的特殊性和偶然性，将作品投射到未来以超越当下。正是由于这个原因，威廉姆斯毫不担心是否可以在他的有生之年实现自己的设计，因为他深信自己的设计具有"科学"的真理特性，并认定它们会在未来的某一天被实现。

埃拉迪奥·迪埃斯特

如果说拉普拉塔河西岸的威廉姆斯代表了当时的社会精英的选择，将马尔多纳多的具体主义艺术、阿根廷天主教民族主义和前卫建筑理念融为一体，追求精确的真理，那么拉普拉塔河东岸的乌拉圭建筑师埃拉迪奥·迪埃斯特则贴近穷人，关注社会底层的发展问题，对他而言，"不与现实有任何直接联系的抽象思维"是没有意义的。

也许是迪埃斯特的建筑太精彩，以至于人们被建筑中充满张力的形式和精巧优雅的结构所吸引，认为他只是一位具有极高技术能力和艺术天赋的结构工程师和建筑师，而忽视了他的思考起点并非单纯的技术或艺术。

18 世纪工业革命的开始，建筑材料从基于砖石和木材的组合过渡到包括新型工业化材料，而且与时空政治现实联系在一起。以前的建筑方法依赖于试验和错误，工业革命之后的工程师们掌握了可以精确测量和计算的方法，这一转变将改变了整个建筑行业。迪埃斯特深刻地洞察了这一趋势，因此提出了"宇宙经济"（economía cósmica）的概念，将建筑技术、劳动力和创新之间看似无关的因素联系为一体进行考量。"宇宙"很容易让人联想起托雷斯·加西亚的普世构成主义艺术与宇宙纪念碑；而"经济"在这里不是指建筑材料和成本，也不是通常的货币流动和财政等含义，而是指基于材料和结构之间的关系进行的创新，或"秩序"的意义。宇宙经济指人类建造物应该符合的某种世界深层秩序，建筑被视为恢复人类和世界和谐的一种手段。迪埃斯特这样写道："为了使建筑真正地被建造，在使用材料时应该尊重它们的本质，也要尊重它们的可能性。只有这样，我们的建造物才会有我们所说的宇宙经济，而这种宇宙经济是维持世界的东西。当带着深刻的尊重使用材料时，我们必须谦虚，并注意自己的审美修养。"

豪尔赫·弗朗西斯科·利努尔教授指出迪埃斯特的建筑思想与当时地区宗教氛围的联系。1947 年，基督教社会领袖第一次会议在蒙得维的亚举行，为本地政治团体基督教民主党奠定了基础，在随后的几年里，对众多进步的非共产主义知识分子产生了巨大影响。基督教民主党的思想主要来自法国神父雅克·马里坦[20]，而迪埃斯特自幼成长于虔诚的天主教家庭，在父母和亲戚朋友的影响下，不可避免地接触到了马里坦的主张。

马里坦认为艺术应具有社会功能，能够融合社会中最卑微的人，必须寻求"人类的社会艺术"，这种艺术与资产阶级的"为艺术而艺术"和共产主义的"为人民而艺术"相对立。马里坦在 1951 年普林斯顿大学的演讲中曾引用圣托马斯的话："艺术所追求的那种真理既不存在于人类的意志，也不存在于人类的欲望，而是存在于它成功地使其产生的作品中存在的善。"迪埃斯特以另一种方式表达了马里坦的艺术观："好的形式"不是工业、设计、计算或创造的直接结果，而是某种"虔诚"的表现，即对

---

20 雅克·马里坦（Jacques Maritain，1882—1973）：法国天主教哲学家，1906 年从新教皈依天主教，曾参与《世界人权宣言》的起草工作，一生著作颇丰，其作品内容涉及美学、政治理论、科学哲学、形而上学、教育的本质、礼仪和教会学。

他人的痛苦和欢乐的深刻认同。正如他在《形式的意识》中写道："如果人类的表现力可以扩展到我们所看到的一切，艺术就不会局限于博物馆，它将生活在街头。"

对于科学和人文的坚定信念，则来自另一位法国裔天主教徒皮埃尔·泰尔哈德·德·夏尔丹[21]，他的思想在 20 世纪 50 年代和 60 年代在拉普拉塔河流域得到广泛传播。泰尔哈德终生致力于在科学和基督教信仰之间建立一种统一性，倡导人与自然在智力圈（noosphera）中作为一个整体和谐共存[22]。这里特别要提到泰尔哈德与中国的联系，1926 年，他作为顾问参与了周口店"北京人"遗址的发掘工作。

乌拉圭共和国大学建筑学教授言长冠先生为理解迪埃斯特的宇宙经济提供了另外一条重要的线索，而认识言先生也间接与迪埃斯特有关。

乌拉圭西部农业小城萨尔托（Salto）有很多迪埃斯特的作品，当我告诉豪尔赫·努德尔曼教授计划去考察后，他帮我联系到一位当地退休教授艾德蒙德。在与艾德蒙德教授闲聊中，他提到上大学时有一位建筑学教授是中国人，迪埃斯特曾指导过这位教授，我感到十分惊喜，拜托他帮我联系一下。第二天见面时，他很高兴地说找到这位中国教授言先生了。当结束了萨尔托之行回到蒙得维的亚后，我立刻联系言先生请求会面。

在谈话中得知，言先生的父亲毕业于交通大学工程系，母亲庄夫人毕业于辅仁大学历史系，与贝聿铭先生的母亲是堂姊妹。1949 年，幼年的他随父母去国离乡，在一位乌拉圭神父的帮助下，经澳门到达蒙得维的亚，后就读于乌拉圭共和国大学建筑系，其教授正是设计《发展计算器》的加瓦佐教授，他的硕士论文曾得到迪埃斯特的指导，毕业后留校任教。1999

---

21 皮埃尔·泰尔哈德·德·夏尔丹（Pierre Teilhard de Chardin, 1881—1955）：法国耶稣会神父、科学家、古生物学家、天主教神学家和哲学家。泰尔哈德的一生颇具传奇色彩，而且与中国有着紧密的联系。他曾于 1923 年受教会委派来到中国天津，此后 20 多年里，他在中国授课的同时，也作为古生物学家和地质学家跑遍了几乎中国全境，为整个东亚和东南亚有关的人类古生物学国际研究作出了巨大贡献。
22 智力圈（noosphera）是泰尔哈德和苏联生物地球化学家弗拉基米尔·韦尔纳茨基共同提出的哲学概念，代表了生物圈发展的最高阶段。韦尔纳茨基从地质学出发，泰尔哈德从神学出发，论证了人类理性和科学思想已经进入下一个进化层。

言长冠先生

年，他曾率乌拉圭建筑师协会代表团参加北京 UIA 大会，与吴良镛先生和秦佑国先生有交往。退休后，他全身心投入中国与乌拉圭间的文化交流事业，在很多机构义务教授中文和传播中国文化，曾任乌拉圭共和国大学孔子学院院长。2016 年 3 月，乌拉圭驻中国大使馆授予言先生中乌文化交流杰出贡献奖。

在谈到迪埃斯特时，言先生提及一位法国神父路易斯 - 约瑟夫 · 勒布雷特[23] 和拉丁美洲经济与人文中心（CLAEH）[24] 对乌拉圭战后城市和建筑发展产生了巨大的影响，并与迪埃斯特的思想和实践有直接或间接的联系。

---

23 路易斯 - 约瑟夫 · 勒布雷特（Louis-Joseph Lebret，1897—1966）：法国天主教经济学家，曾参加了第一次世界大战；1923 年，退役后成为一名多米尼加神父；1929 年，被派往圣马洛，在那里与渔民组织了工会和大规模的社会行动，为他以后倡导的参与性行动研究方法奠定了基础；1941 年，创立研究与行动经济和人文主义中心；1958 年，创立国际发展与文化中心（IRFED）。作为天主教会内部关注全球发展的推动者之一，他一直呼吁解决不发达问题，并声援第三世界国家，曾应教皇保罗六世的要求撰写了一份关于人类发展的文件。
24 1957 年，来自拉丁美洲约百人（乌拉圭共同利益小组的成员，以及在勒布雷特的倡议下创建的巴西、哥伦比亚、委内瑞拉和阿根廷团体）在蒙得维的亚成立了拉丁美洲经济与人文中心，同时出版了《拉丁美洲经济与人文》杂志。1997 年，转型为一个大学研究院；2017 年，正式成为一所大学。

1941 年，受马里坦的启发，勒布雷特神父创办了一本名为《经济与人文》（*Économie et humanisme*）的期刊，并建立一个同名的研究中心，也被视为经济和人文主义运动的创始人和推动者。他曾在几个拉丁美洲国家、南越和黎巴嫩工作，对如何解决全球贫困问题进行了开创性地思考，提出"人类整体发展"观念，强调采取多层面的方法，涉及人类福祉的经济、社会、政治、文化、环境和精神等议题。对于勒布雷特而言，发展意味着为了社会中的每个人和整个人类。可以确定无疑地说，迪埃斯特的经济和发展的概念来自勒布雷特神父。

　　拉丁美洲经济与人文中心由勒布雷特的弟子胡安·巴勃罗·特拉·加里纳尔教授创建，他本人一直担任该中心的主席直到 1972 年。加里纳尔教授于 1950 年毕业于乌拉圭共和国大学建筑系，于 1958 至 1987 年在建筑学院任教社会学和研究方法学，在这里曾与迪埃斯特共事。他对乌拉圭农村地区、住房、收入分配、社会阶层和拉丁美洲一体化进行了大量的调研，他的工作小组于 1963 年所做的乌拉圭农村经济和社会状况调研工作成为研究乌拉圭农村的重要参考文献。他曾与迪埃斯特合作完成过一个项目，圣卡洛斯博罗梅奥教堂与亚松森圣母教堂（Iglesia de San Carlos Borromeo

圣卡洛斯博罗梅奥教堂与亚松森圣母教堂

y Nuestra Señora de la Asunción，1956），迪埃斯特承担了这个项目的结构工作。

至此迪埃斯特的宇宙经济概念的来源和含义已经清晰呈现，而关于他如何发明"加筋砖砌体"技术，以及如何将技术、工艺和现场建造组织为一个整体，实现理想中的宇宙经济，本书前文中已有所介绍，此处不再赘述。这里需要补充迪埃斯特如何反思建筑中的效率和发展之间的矛盾。在后工业时代的背景下，技术的目的是利润，而不是效用，而利润则是通过效率来衡量，片面地追求效率会扭曲了建筑的目标。在建筑学中，效率与材料和劳动之间的关系有着深刻的联系；前者解决建筑的物理问题，而后者则是处理时间问题。无论是迪埃斯特所在的社会，还是我们今日的社会都进入了这样一个时刻：技术提供的方便使得效率在很大程度上成为一种无意识的标准，嵌入建筑的生产过程中。更严重的是，如果只有技术进步而没有社会进步，"效率将继续成为黑暗之神，而我们已经向它献祭了太多东西"。

结语

2016 年，当我第一次来到乌拉圭，与努德尔曼教授相约在乌拉圭共和国大学建筑学院见面。在踏入建筑学院大厅那一刻，我惊奇地再次看到了那个神秘的《发展计算器》装置，应该是刚从纽约被送回不久。我向教授询问了这个装置的事情。但很遗憾，即使在《发展计算器》的诞生地，如何操作这个装置，这些公式之间的关系是什么依然模糊不清。

尽管可以找到加瓦佐教授当年的学生或者同事了解一些信息，但如何将这个课件作为一个整体或一个系统来理解仍是一件困难的工作。因为，即使我们拥有过去全部的信息，有时也无法确定我们的理解是否符合彼时的事实。今天的我们和半个多世纪前的人们使用一些共同的词语，例如本文中出现的科学、艺术和经济等，但这些词语的具体含义，以及人们言说时所秉持的观念和态度却已不尽相同。以科学为例，在今天的建筑学中，科学在某种程度上已等同于技术一词，更多是在操作性层面上对建筑学产生影响，然而，在 20 世纪中期的拉普拉塔河流域（也许在更大的地区），科学曾作为一种哲学或信仰而存在，与艺术和宗教一样，在精神和思想层面影响着人类社会和建筑的发展。对于彼时彼地的现代主义者而言，科学不仅仅是一种理性工具和社会进步的保障，也是一种精神信仰，代表着神学之后的宇宙秩序，像爱因斯坦一样，他们也在努力地寻找着某种"统一场理论"，期待在科学的基础上，将自然、人文和社会连接成为一个和谐而有序的整体。如果不了解这些文字背后的观念变化以及其具体的社会情势，今日的我们就无法做到同心同理，也就无从谈起理解和沟通。

人名翻译对照

A

阿尔贝托·普雷维什（Alberto Prebisch）
阿尔贝托·威廉姆斯（Alberto Williams）
阿尔瓦罗·西扎（Alvaro Siza）
阿曼西奥·威廉姆斯（Amancio Williams）
埃德温·斯图德（Edwin Studer）
埃拉蒂奥·迪埃斯特（Eladio Dieste）
埃内斯托·罗杰斯（Ernesto Rogers）
埃内斯托·拉各斯（Ernesto Lagos）
艾琳·何塞莱维奇（Irene Joselevich）
艾萨克·费尔南德斯·布兰科（Isaac Fernández Blanco）
爱德华多·埃利斯（Eduardo Ellis）
爱德华多·卡塔拉诺（Eduardo Catalano）
爱德华多·马德罗（Eduardo Madero）
爱德华多·加莱亚诺（Eduardo Galeano）
安德烈·布洛克（Andre Bloc）
安东尼·博内特（Antoni Bonet）
安东尼奥·维拉尔（Antonio Ubaldo Vilar）
安赫尔·圭多（Angel Guido）
奥克塔维奥·德·洛斯·坎波斯（Octavio de los Campos）
奥拉西奥·巴列罗（Horacio Baliero）
奥拉西奥·贝拉·巴罗斯（Horacio Vera Barros）

B

巴勃罗·贝蒂亚（Pablo Tomás Beitia）
巴勃罗·库拉特亚·马内斯（Pablo Curatella Manes）
保罗·门德斯·达·洛查（Paulo Mendes da Rocha）
贝纳迪诺·里瓦达维亚（Bernardino Rivadavia）
贝尼托·昆克拉·马丁（Benito Quinquela Martin）
贝诺特·佩德罗（Pedro Benoit）
彼埃·蒙德里安（Piet Mondrian）

D

达多·洛查（Dardo Rocha）
大卫·阿尔法罗·西凯罗斯（David Alfaro Siqueiros）
迭戈·阿拉伊加达（Diego Arraigada）

E

恩里克·科赫（Enrique Cohe）
恩尼欧·约米（Enio Iommi）

F

费尔南德·莱热（Fernand Leger）
弗拉基米尔·韦尔纳茨基（Vladimir Vernadsky）
弗朗西斯科·毕耶加斯·贝罗（Francisco Villegas Berro）
弗朗西斯科·布尔里奇（Francisco Bullrich）
弗朗西斯科·哈维尔·德加门迪亚（Francisco Javier de Garmendia）
弗朗西斯科·坦布里尼（Francesco Tamburini）
弗劳拉·曼泰奥拉（Flora Manteola）

G

冈萨洛·冯塞卡（Gonzalo Fonseca）
戈麦斯·普莱特罗（Gómez Platero）
格拉谢拉·诺沃亚（Graciela Novoa）
格雷戈里奥·桑切斯（Gregorio Sanchez）

H

哈维尔·桑切斯·戈麦斯（Javier Sánchez Gómez）
豪尔赫·法拉利·阿尔多伊（Jorge Ferrari Hardoy）
豪尔赫·弗朗西斯科·利努尔（Jorge Francisco Liernur）
豪尔赫·戈尔登贝格德（Jorge Goldembergand）

豪尔赫·路易斯·博尔赫斯（Jorge Luis Borges）

豪尔赫·努德尔曼（Jorge Nudelman）

豪尔赫·斯克里马利奥（Jorge Scrimaglio）

何塞·蒂塞（Jose Tizze）

何塞·巴蒂耶·奥多涅斯（José Batlle y
Ordóñez）

何塞·巴斯孔塞洛斯（José Vasconcelos）

何塞·恩里克·罗多（José Enrique Rodó）

何塞·菲奥拉万蒂（José Fioravanti）

何塞·玛丽亚·雷耶斯（José María Reyes）

赫克托·贝尔纳多（Héctor Bernardo）

亨利克·艾伯格（Henrik Aberg）

胡安·安东尼奥·布斯基亚佐（Juan Antonio
Buschiazzo）

胡安·巴勃罗·特拉·加里纳尔（Juan Pablo
Terra Gallinal）

胡安·巴特列·普拉纳斯（Juan Batlle Planas）

胡安·德·加雷（Juan de Garay）

胡安·迪亚斯·德·索利斯（Juan Díaz de Solís）

胡安·多明戈·贝隆（Juan Domingo Perón）

胡安·库尔坎（Juan Kurchan）

胡安·马丁·德·普埃雷东（Juan Martín de
Pueyrredón）

胡安·曼努埃尔·博尔塔加雷（Juan Manuel
Borthagaray）

胡安·斯卡索（Juan Scasso）

胡里奥·维拉马乔（Julio Agustín Vilamajó）

胡斯托·索尔索纳（Justo Solsona）

华金·托雷斯·加西亚（Joaquin Torres García）

J

吉列尔莫·戈麦斯·普莱特罗（Guillermo Gomez
Platero）

吉列尔莫·琼斯·奥德里奥佐拉（Guillermo
Jones Odriozola）

加西亚·巴莱多（Garcia Pardo）

久拉·科西策（Gyula Kosice）

K

卡尔·奥古斯特·基尔伯格（Carl August
Kihlberg）

卡洛·斯卡帕（Carlo Scarpa）

卡洛斯·戈麦斯·加瓦佐（Carlos Gómez
Gavazzo）

卡洛斯·祖奇（Carlos Zucchi）

卡门·科尔多瓦（Carmen Cordova）

科瑞娜·卡瓦纳（Corina Kavanagh）

克劳迪乌斯·卡维里（Claudius Caveri）

克洛林多·特斯塔（Clorindo Testa）

L

拉斐尔·伊格莱西亚（Rafael Iglesia）

拉斐尔·维诺利（Rafael Viñoly）

劳尔·西切洛（Raul Sichero）

理查德·纽特拉（Richard Neutra）

鲁道夫·洛佩兹·雷伊（Rodolfo Lopez Rey）

路易斯·加西亚·佩德罗（Luis Garcia Pedro）

路易斯·玛丽亚·德·拉托雷（Luis Maria de la
Torre）

路易斯·韦尔戈（Luis Huergo）

路易斯·希奥亚尼（Luis Seoane）

路易斯-约瑟夫·勒布雷特（Louis-Joseph
Lebret）

罗伯特·阿尔特（Roberto Arlt）

罗莎·齐佩罗维奇（Rosa Ziperovich）

洛斯珀·卡特兰（Prosper Catelin）

M

马蒂亚斯·埃拉苏里斯（Matias Errazuriz）

马丁·诺埃尔（Martín Noel）

马克思·比尔（Max Bill）

马里奥·罗伯托·阿尔瓦雷斯（Mario Roberto
Alvarez）

马里奥·帕兰蒂（Mario Palanti）

马里奥·佩斯·雷耶斯（Mario Paysse Reyes）

马塞多尼奥·奥斯卡·鲁伊斯（Macedonio Oscar
Ruiz）

毛里西奥·克拉沃托（Mauricio Cravotto）

米尔顿·普恩特（Milton Puente）

N

内尔松·巴亚多（Nelson Bayardo）
内斯托·马加里尼奥斯（Néstor Magariños）
内斯托尔·卡洛斯·基什内尔（Nestor Carlos Kirchner）
诺伯特·梅拉特（Norbert Maillart）
诺曼·福斯特（Norman Foster）

P

佩德罗·德·门多萨（Pedro de Mendoza）
佩德罗·库鲁切特（Pedro Curutchet）
皮埃尔·泰尔哈德·德·夏尔丹（Pierre Teilhard de Chardin）
普莱里亚诺·普埃雷东（Prilidiano Pueyrredón）
普洛斯珀·卡特兰（Prosper Catelin）

Q

乔丹·布鲁诺·根塔（Jordán Bruno Genta）

N

儒勒·多马尔（Jules Dormal）

R

若昂·巴蒂斯塔·比拉诺瓦·阿蒂加斯（João Batista Vilanova Artigas）

S

塞萨尔·扬内洛（César Jannello）
圣地亚哥·卡拉特拉瓦（Santiago Calatrava）
苏·索拉（Xul Solar）

T

托尔夸托·德·阿尔韦亚尔（Torcuato de Alvear）
托马斯·马尔多纳多（Tomás Maldonado）

W

维多利亚·奥坎波（Victoria Ocampo）
维尔姆·杜多克（Willem M. Dudok）
维托里奥·梅阿诺（Vittorio Meano）

X

西奥·范·杜斯伯格（Theo van Doesburg）
希柏里多·图尼耶（Hipólito Tournier）

Y

雅克·马里坦（Jacques Maritain）
亚伯·洛佩兹·查斯（Abel López Chas）
亚历杭德罗·布斯蒂略（Alejandro Bustillo）
言长冠（Cheung-Koon Yim）
约瑟法·桑托斯（Josefa Santos）
约瑟夫·路易斯·塞特（Josep Lluis Sert）

Z

朱利安·马丁内兹（Julian Martinez）

图片来源

书中项目的航拍照片由有方团员范伟飙、刘毅拍摄

书中图解和图纸均由东南大学建筑学院陈晶、陈奕、徐方洲、杨涵和周嘉鼎 5 位同学绘制

其他未标注照片均为作者自摄

页码	P016
图名	布市最初的城市形态（约 16 世纪初）
来源	马里奥·帕兰蒂（Mario Palanti）

页码	P027，P035—037
图名	布市建城二百年纪念博物馆鸟瞰、布市建城二百年纪念博物馆剖面、CCK 文化中心夜景、CCK 文化中心中庭、CCK 文化中心剖面
来源	由 B4FS 建筑事务所提供

页码	P029，P034
图名	伦敦和南美洲银行、伦敦和南美洲银行室内
来源	@ FEDERICO CAIROLI

页码	P032
图名	建造中的照片
来源	历史照片，出处不详

页码	P038
图名	巴罗洛宫
来源	Wikimedia, CC BY SA 3.0（https://commons.wikimedia.org/wiki/File:Palacio_Barolo.JPG）

页码 P038
图名 国会大厦
来源 Wikimedia @Jacobo Tarrío, CC BY 2.0 （https://commons.wikimedia.org/wiki/
File:Congreso_Nacional_Buenos_Aires.jpg）

页码 P040
图名 科隆剧院
来源 Wikimedia @Falk2, CC BY-SA 4.0 （https://commons.wikimedia.org/wiki/File:J37_458_
Teatro_Col%C3%B3n.jpg）

页码 P041
图名 七月九日大道看方尖碑
来源 Wikimedia @ Avimalya Ganguly, CC BY-SA 3.0 （https://commons.wikimedia.org/wiki/
File:9_de_hulio_final.jpg）

页码 P043
图名 圣马丁将军剧院
来源 @ Alejandro Leveratto

页码 P045
图名 艺术家工作室
来源 @ Alejandro Leveratto

页码 P046
图名 艺术家工作室底层商铺、艺术家工作室顶层工作室、艺术家工作室屋顶
来源 @FADU-UBA

页码 P051
图名 卡瓦纳大楼
来源 Wikimedia @Carlos Ravazzani，CC BY-SA 3.0 （https://upload.wikimedia.org/
wikipedia/commons/e/ec/KAVANAGH_C.JPG）

页码 P065
图名 阿根廷彩色电视台总部
来源 @wikiarquitectura （https://es.wikiarquitectura.com/wp-content/uploads/2017/01/18_
ATC.jpg）

页码 P065
图名 阿根廷彩色电视台总部剖面
来源 @FADU-UBA

页码 P073
图名 奥坎波自宅手绘平面图
来源 @UNLP 资料室

页码   P088
图名   从高处平台看公园
来源   @Foster+Partners（https://www.fosterandpartners.com/media/2632938/1895_fp535117.jpg）

页码   P095
图名   维拉尔自宅历史照片
来源   @urbipedia（https://www.urbipedia.org/hoja/Archivo:AntonioUbaldoVilar.CasaPropia.jpg）

页码   P124
图名   桥宅模型
来源   @UNMP

页码   P0126
图名   室内楼梯
来源   桥宅基金会

页码   P146
图名   阿拉伊加达砖宅
来源   建筑师迭戈·阿拉伊加达提供

页码   P171
图名   克拉沃托自宅
来源   Wikimedia @Monte San Savino，CC BY-SA 3.0 (https://upload.wikimedia.org/wikipedia/commons/7/70/Vivienda_-_Estudio_del_Arq._Cravotto.jpg)

页码   P172—173
图名   工程学院大楼
来源   @Leonardo Finotti

页码   P175
图名   视觉艺术国家博物馆
来源   Wikimedia @ Hoverfish，CC BY-SA 3.0（https://commons.wikimedia.org/wiki/File:Museo_N_de_Artes_Visuales.jpg）

页码   P180
图名   购物中心，室内双曲面拱顶
来源   @URU

页码   P195
图名   太阳门，蒂瓦纳库
来源   Wikimedia @THOEW，CC BY-NC-ND 2.0（https://commons.wikimedia.org/wiki/File:Zonnepoort_tiwanaku.jpg）

页码	P197
图名	水空间城市
来源	@Fundacion Kosice

页码	P201
图名	悬浮式办公楼，科连特斯的医院
来源	www.amanciowilliams.com

图书在版编目（CIP）数据

白银之河：拉普拉塔河流域现代建筑 / 裴钊著． ——
上海 ：同济大学出版社，2023.6
（海外游·建筑学人笔记）
ISBN 978-7-5765-0277-0

Ⅰ．①白… Ⅱ．①裴… Ⅲ．①拉普拉塔河－流域－建
筑艺术－现代 Ⅳ．① TU-867.7

中国国家版本馆 CIP 数据核字 (2023) 第 095959 号

白银之河：拉普拉塔河流域现代建筑

海外游·建筑学人笔记丛书

责任编辑：徐　希 ｜ 责任校对：徐春莲 ｜ 装帧设计：完　颖

出版发行：同济大学出版社 www.tongjipress.com.cn
　　　　　（地址：上海市四平路 1239 号 邮编：200092 电话：021-65985622）
经　　销：全国各地新华书店、建筑书店、网络书店
印　　刷：上海安枫印务有限公司
开　　本：787mm×1092mm　1/32
印　　张：6.75
字　　数：181 000
版　　次：2023 年 6 月第 1 版
印　　次：2023 年 6 月第 1 次印刷
书　　号：ISBN 978-7-5765-0277-0
定　　价：78.00 元